击败孤独

【日】大岛信赖 著
林璐 译

中国科学技术出版社
·北京·

DAREMO WAKATTE KURENAI "KODOKU" GA SUGU KIERU HON
Copyright © 2019 by Nobuyori OSHIMA
Illustrations by AMASASAMI
First original Japanese edition published by PHP Institute, Inc., Japan.
Simplified Chinese translation rights arranged with PHP Institute, Inc.
through Shanghai To-Asia Culture Co., Ltd.

北京市版权局著作权合同登记　图字：01-2020-3940

图书在版编目（CIP）数据

击败孤独 /（日）大岛信赖著；林璐译 . —北京：中国科学技术出版社，2020.10

ISBN 978-7-5046-8774-6

Ⅰ .①击… Ⅱ .①大… ②林… Ⅲ .①心理学－通俗读物 Ⅳ .① B84-49

中国版本图书馆 CIP 数据核字（2020）第 170870 号

策划编辑	申永刚　陈昱蒙
责任编辑	陈　洁
封面设计	马筱琨
版式设计	锋尚设计
责任校对	吕传新
责任印制	李晓霖

出　　版	中国科学技术出版社
发　　行	中国科学技术出版社有限公司发行部
地　　址	北京市海淀区中关村南大街 16 号
邮　　编	100081
发行电话	010-62173865
传　　真	010-62173081
网　　址	http://www.cspbooks.com.cn

开　　本	880mm×1230mm　1/32
字　　数	95 千字
印　　张	6
版　　次	2020 年 10 月第 1 版
印　　次	2020 年 10 月第 1 次印刷
印　　刷	北京盛通印刷股份有限公司
书　　号	ISBN 978-7-5046-8774-6 / B·59
定　　价	49.00 元

（凡购买本社图书，如有缺页、倒页、脱页者，本社发行部负责调换）

> 走出家门，大家看起来都很幸福的样子，感觉"只有我自己是孤独的"。

> 即使附和朋友的话题，笑着相处，还是会伴随着空虚感，"孤独"随之而来……

> 因为感到只有自己不擅长工作，所以为了不被大家抛弃，拼命地努力着。

> 一直忍耐着为对方尽心尽力，对方的态度却如此冷漠……愤怒和寂寞无法抑制……

人一旦"孤独",内心就好像打开了一个洞,感觉坐立不安。

为了消除不断膨胀的孤独感,人们更加努力工作、更加忍耐、更加在意周围人的感受而变得小心翼翼……

但是,没有人能够理解!

并且,不知道为什么工作上会不断受到"麻烦的人"困扰,在家里时被家人刻薄的话语冲撞……

究竟为什么呢?

有没有方法能够消除这种如同内心被打开了一个洞的所谓"孤独",将自己从这种不愉快的感觉中解放出来呢?

其实，方法是存在的。

- 想知道能够打消"孤独"，并且从这种不愉快的感觉中解放出来的方法。
- 想改变总是为了人际关系而忍耐，对周围小心翼翼而变得疲惫不堪的人生。
- 即使家人在身边还是感到"孤独"，想解决内心油然而生的悲伤和愤怒。

有以上愿望的人请阅读本书接下来的内容。
这些方法从没有人教过你，新的世界将会到来。
内心将会变得风平浪静，能够与世界融为一体。

目录

第 1 章
首先，孤独是什么
——了解了孤独就不会感到孤独

2　孤独是什么

11　如果觉得"只有自己是孤独的"，就会有各种各样的问题

19　那些令人生厌的事也是由于认为"自己是孤独的"导致的

26　为什么孤独使人不快乐呢

34　意识到"自己内心的孤独"就会看见明天

42　那么把孤独消除吧

第 2 章
这个问题，其实源于"别人的孤独"
令人讨厌的人，其实只是孤独

52　因为他人"看起来幸福"，而感到失落的理由

59　为什么人会变成具有破坏性的人格

67　如何才能不因他人的"孤独"而受累

75　能看到对方"孤独"的暗示

82　如果自己反省了，别人却会变得更加令人生厌的原因是什么

87　不断重复"反省"，对方会变得更加令人生厌

94　在你的愤怒背后隐藏着"反省"

第 3 章

一瞬间就能击败孤独的"暗示"

如果能摒弃"只有我"的想法，内心就会变得风平浪静

102　"识别孤独的颜色"能让内心变得越来越平静

108　透过"孤独的颜色的太阳镜"看世界，会看到不同的景色

115　让你烦恼的那个人其实也包含"孤独的颜色"

121　其实大家都一样

128　名为"孤独"的光被"孤独"的光波打消，内心变得风平浪静

135　能够注意到小时候的"孤独"，过去的经历也会发生变化

141　名为"只有自己"的"孤独"是能够被打消的

第 4 章

应对别人的孤独的方法

148　不知为何总是对我使用刻薄言语的母亲的孤独

155　总是对我进行强硬反驳的同事

161　丈夫将价值观强加给我

168　一旦情况不利就流眼泪的恋人

175　即使打招呼也无视我的公司前辈

第 1 章

首先，孤独是什么
——了解了孤独就不会感到孤独

第 1 章
首先，孤独是什么

孤独是什么

小时候，睁开双眼发现父母不在身边时，我忍不住一个人大声哭喊："妈妈和爸爸都不在！"

回想起来，那时候为什么要哭喊呢？似乎我是在向邻居寻求帮助而哭喊。为了从年幼的我所深处的"孤独"的恐惧中解放出来。

关于那时候的我是否被邻居"解救"的记忆并不存在。

邻居为正在哭泣的我感到担心而特意前来查看，隔着窗户试图"解救"哭泣的我，但年幼的我却无法打开窗户。

邻居虽然拼命地教我打开窗户的方法，但由于孤独而陷入混乱的我只是一味地"哇哇"地哭喊。

无法理解邻居对我拼命说明的内容，最终我还是没能打开窗户。事情的经过似乎是这样的。

之后父母回来，邻居告诉了他们我在哭泣的事情。隐约记得父母听后一脸无奈，并将我狠狠地训斥了一顿。

年幼的我在一种"除我以外谁都不存在"的孤独感中陷入了混乱。

在我上幼儿园的时候，母亲有了一份工作。母亲总要工作到很晚，每当我独自一人坐在幼儿园庭院里荡秋千等待母亲来接我时，我感觉到了"孤独"。

幼儿园里小朋友都被接走了，没有人能和我玩耍，我感受着没人搭理的"孤独"，内心仿佛打开了一个洞。

隐约地记得，上小学时老师说："好的，接下来同学们自由选择和喜欢的人组成小组！"话音刚落，只有我一个人被剩下，感受到"被大家排挤在外"的孤独的我"哇哇"地大哭了起来。

在同一时期，我被要求在大家面前朗读语文课本

第1章
首先，孤独是什么

时，由于读错，被班上的同学嘲笑，"哈哈！读错了！"自尊心受到伤害而感到孤独的我陷入了混乱，哭着冲出教室。

"孤独"虽然是喻指"除了自己以外谁都不存在"的状态，实际上，**即使有人在身边，但"没有人帮助自己"或是"没有人理解自己"的时候也会感受到孤独**。

确实，小时候每当身边没有任何人搭理我，觉得"没有人和自己玩"而独自一人的时候，便感受到了"孤独"。但是，在学校的时候，当"没有任何人站在自己一方"或是"没有任何人理解自己"的时候感受到的孤独却更加强烈。

小时候，因为父母不在身边而哭泣也是如此。我内心陷入混乱，"哇哇"大哭的原因不如说是由于感觉到"隔壁的人家里有那么多人在，而且感觉那么温暖，相比较起来我的家却……"

并不是"在只有一个人的时候才会感受到孤独"。

即使有人在身边时也会感受到孤独，并且在这样的情况下感受到的孤独将更加强烈，因此当时的我内心陷入混乱、大声哭喊。

成为大人后，一个人度过假期时我也会感受到"一个人好寂寞"的孤独感。

但是，比起这时的孤独更加强烈的是，当参加朋友间的聚会时，处于"大家都很开心地交谈，只有我一个人被遗忘"这一状况时的"孤独"。

并且，当"其他人的演讲有很多人来听，但我的演讲却没有人来听"的时候，会感受到内心挫败般的孤独。

虽然已经成为了大人，"孤独"还是会让我陷入和年幼时因为父母不在身边而哭喊的那天相同的境况。

即使用全力哭喊也只会更显凄凉。感到孤独后自己的内心仿佛打开了一个洞，狼狈得让人坐立不安。

并且，越努力填补内心的洞，孤独感就会越深，越发地"袭击"我们的内心。我的成长过程中已经多次体验过这样的经历。

归根结底，即使有人在身边也会感受到的孤独感到底是什么呢？我总是对此抱有疑问。

第 1 章
首先，孤独是什么

我自认为很清楚地了解"周围有人就没有必要感到孤独！""如果当一个人陷入了悲惨的情感中，和周围的人说说话就好了！"

但是，如果被自己主动搭话的对象拒绝或者是被冷漠对待，那么，你一定会感到更加孤独，以至于无法承受吧。想到这里，我感到十分不安，更加无法跟周围人搭话。

即使鼓起勇气向人搭话，拼命地附和他人的兴趣，和他人谈笑风生，最后"孤独"还是会伴随着空虚感袭来，只会感到"和之前相比更加深刻的孤独"。

既然如此，和家人在一起就不会感到孤独了吧？有人会这么想。

然而，即使和家人一起相处，虽然一开始还能够在意家人的感受而小心翼翼地相处，但总有一天，会从"无论和家人怎么说也无法被理解"的孤独中产生对家人的愤怒。

似乎"不被了解"或者是"不被理解"导致"事情无法如预期顺利地进行"，是令我们感到"孤独"的

第 1 章
首先，孤独是什么

契机。

既然如此，如果对方假装理解了自己，或是对方顺着我的想法行动，我的孤独是否就会被打消呢？这么想着，"反而使孤独感加深了"。"孤独"拥有如此不可思议的属性。

其实，如果通过自己的努力打消孤独感时反而会加深印象，也会由于对方"不管怎样都要打消这个人的孤独感"的努力而加深印象，从而使我们陷入更深的痛苦中。

2016年，美国麻省理工学院的神经学家组成的团队通过小白鼠的实验，发现了与"孤独的感情"有关的大脑特定部位。

将小白鼠隔离，创造出其被孤立的状态后，小白鼠的大脑中有关孤独的部位（背缝神经核区域，DRN）的神经细胞会变得活跃，从而使小白鼠感到孤独。

之后，将与孤独有关的该大脑部位保持活跃状态的小白鼠送回鼠群，学者们观察到该部位变得更加地活跃。

这是否表明了，只要体验过一次"被孤立"的感觉，也就是大脑中有关孤独的部位的神经细胞变得活跃从而感受到"孤独"后，"孤独"的感受就不会因为回到团体中而消失，反而可能会变得更加强烈。

这也正是我所经历过的感受，"原来这只是由大脑的神经细胞所引起的！"我顿悟到：只要体会过一次"被孤立"，这个神经细胞就会持续反应着，所以，即使回到集体中我们的孤独感也不会消失。这是大脑神经细胞的一个特征。

第1章
首先，孤独是什么

从而感觉到"孤独"

孤独

体会过一次"被孤立"的感觉，大脑中有关孤独部位的神经细胞会变得活跃

▼

"孤独"反而更强烈

孤独

即使回到集体中

如果觉得"只有自己是孤独的",就会有各种各样的问题

在小白鼠的实验中有这样的报告:大脑有关孤独的部位的神经细胞变得活跃后,小白鼠变得"具有社交性"。

具有社交性指的是积极建立人际关系,擅长与人交往。可以想象,是由于不愿变得孤独所以积极地融入群体中,又或者是因为不愿被对方抛弃所以考虑对方的感受,因此显得"擅长与人交往"。

的确,从我自身角度来思考,因为"时刻考虑着他

第 1 章　首先，孤独是什么

人的感受，与周围的人相处得小心翼翼"，所以在周围的人看来会显得"具有社交性"。

但是，从小白鼠的实验可以知道，大脑中有关孤独的部位只要有了一次活跃运动的经验后，即使回到集体中，也只会使该部位的运动变得更加活跃，导致"孤独感加强"。

那么，为了打消已经膨胀的孤独感，忍耐着并对周围的人更加地小心翼翼，我们只能重复这样的循环吗？

其实并不需要。

观察人类，会发现偶尔有"理性之弦被切断"的现象发生。

当为了不被对方抛弃而忍耐着，并且为对方尽心尽力的时候，或是当被对方冷漠对待的时候，我们会不禁大喊"受不了啦！"然后爆发愤怒，或是将与对方的关系一刀两断等，会违背自己的内心表现出具有破坏性的言论与行动。

可以想象以下的情形：大脑有关孤独的部位由于神经细胞的运动正变得活跃，与此同时，"哔哔哔"地一次性释放大量的电荷从而引起发作。

　　以我的小学时代为例，虽然一直都忍受着孤独并且努力着，但是当被大家指出自己的错误的时候，积累的孤独就像电流般一瞬间"哔哔哔"地被释放，然后引起大脑的发作。当时的我"哇"地大哭起来，冲出了教室。

　　当有关孤独的神经细胞变得活跃时，会照顾周围人的感受，或者向大家谄媚而显得具有"社交性"。但是当"电流"引起发作的时候，"社交性人格"会变成"破坏性人格"从而破坏人际关系。

　　如果以为"只有自己是孤独的"，电荷就会在有关孤独的部位一直累积，然后"哔哔哔"地引起发作，变身为具有破坏性的人格从而破坏人际关系。

　　认为"只有自己是孤独的"，是源于"希望有人能够理解我的孤独，依偎在身旁温暖我"这样的想法，但是也有可能<mark>变身为具有破坏性的人格从而破坏人际关系，最终有可能会违背自己的愿望变得更加"孤立"</mark>。

　　然后再次感觉"只有自己是孤独的"，在大脑中累积电流，引起发作并破坏，如此循环。

第 1 章
首先，孤独是什么

被对方冷漠对待时

蓄电中

孤独

忍耐着为对方尽心尽力的时候，孤独的电荷就会蓄电……

哔哔哔　孤独　哔哔哔

我们分手吧！

生气了……

受不了啦！

一瞬间释放出大量的电荷并且引起发作

例如，当我参加聚会时，站在谈笑风生的众人旁边感觉"只有自己是孤独的"。

那时的我认为"因为没有人和我说话，所以只有自己是孤独的"。因为没有人搭理我，所以我就倚靠着墙壁，化作了"壁花"。

这时我的姿态，被拍进了不知道是谁拍摄的照片中。看到照片的我吓了一跳！

"咦？原来我的脸像面具一样恐怖！"我不禁感叹。

因为感觉"只有自己是孤独的"导致电流积累，"哗哗哗"地引起发作，过剩的电流流过大脑时，控制表情的大脑部位被感应，做出了"非常恐怖的表情"。

所以周围的人认为"那个人表情好恐怖"，导致没有人敢靠近我。

连我自己都没有意识到自己变成了具有破坏性的人格。因为，那是一种自身无法控制的感觉。

不知不觉中因为感觉"只有自己是孤独的"而引起了不良情绪发作，然后用面具般的表情破坏了本该可以在现场建立的人际关系。

第 1 章
首先，孤独是什么

大家一定会认为"只有自己是孤独的"这种情感是产生于自己的大脑内，所以"没有给任何人带来麻烦"。

但是如果这么想着的话，大脑内就会积蓄更多的电流，"哔哔哔"地引起发作的时候，会"变身为具有破坏性的人格"（指失去理性做出破坏人际关系的言行），通过具有破坏性的言论与行动伤害到周围的人。

这时，大脑会流过由于发作而引起的过剩电流，因此有可能会出现"失去记忆"的现象。所以即使自己做出了伤害对方的言行，也会认为"咦？我可没有说过那么过分的话"。

因为伤害过他人言行的记忆不复存在，所以会认为"只有自己是受害者"，从而误认为"只有自己是孤独的"。

也就是说，人们之所以不理解"为什么对方渐渐疏远了自己"，是因为自己变为具有破坏性的人格时没有留下任何记忆。

认为"只有自己是孤独的"，然后引起发作，却误以为"自己记得发生的一切"，并没有觉察到自己其实失去了部分记忆。

然后又会认为"自己的记忆是正确的，他人的是错误的"。因此，"大家都不能理解自己"的想法就更加强烈。

没有意识到自己具有破坏性的言论与行动，所以会认真地认为"没有人理解自己的感受"。

最终真的陷入"只有自己是孤独的"情绪中。

第 1 章
首先，孤独是什么

那些令人生厌的事也是由于认为"自己是孤独的"导致的

"您好,我读了您的书!真的非常好!请给我签名!"当有人这么说着靠近我的时候,我就会变得僵硬,大脑中一片空白。

也就是说,我是因为有人接近而感到紧张。

然后,大脑中因为想着"大脑变得一片空白,没有办法像平常一样讲话怎么办呢?"而陷入混乱。

"啊!难得有人阅读了我的书,但是对方一定会认为作者是个奇怪的人。"想到这里,瞬间会变得非常讨

第 1 章
首先，孤独是什么

厌自己。

事后又不禁一个人反省，"为什么那时候没能像平常一样讲话呢？"然后一整晚都在责备自己。

虽然这是面对他人时变得紧张而产生的症状，但其实是由于认为"<u>自己是孤独的</u>"导致的。

我的读者与我见面后对我感到失望，导致我被读者所唾弃变得孤独。由于预测到我将变得孤独，所以"哔哔哔"地引起了情绪发作，使大脑变得一片空白。因此，也导致无法控制自己的思维与对话。

通常来说，如果有人对你说"我读了您的书！请给我签名！"理所当然地会认为"这个人对我抱有好感"，然后产生诸如"自己被人喜爱着，并不孤独"之类的想法。

但是一旦觉得"自己是孤独的"，思维就必定会向"会使对方感到失望"或者"会被讨厌"等与孤独相关的方向转变，成为"哔哔哔"地引起情绪发作的契机。

然后，引起孤独情绪的我采取令人失望的态度，使对方感到悲伤。对方悲伤的表情印刻在我的脑海里，每当回想起此事,"哔哔哔"地再次引起情绪发作,就像发生了故障的收音机,令我无法走出这个不愉快的记忆。

就像这样,我的脑海中反复播放着这个令人遗憾的场景,因此无法改变"自己是孤独的"这一想法。

有一位先生,由于妻子对他说"今天能不能把桌上你的物品收拾一下?"这位先生就觉得"为什么在我这么疲惫的时候让我收拾呢?"于是对妻子的愤怒油然而生。

因为觉得"自己是孤独"的,所以脑海中浮现出诸如"妻子一点儿都不理解自己的辛劳"或者"一点儿都不照顾我"之类的想法。因此"哔哔哔"地引起情绪发作,变身为具有破坏性的人格。

结果,"啊!知道啦,知道啦!会做的!"像这样丈夫不耐烦地回复,使妻子不满。

并且,明明回复了"会做",实际上却没有去行动,做出所谓被动攻击(无形中攻击对方的行为)。

妻子一方因为"自己拜托的事情没有被完成"而感受到"自己没有被丈夫珍惜的孤独",从而引起情绪的

第 1 章
首先，孤独是什么

会做的啦！会做的！

哔哔哔

能不能收拾一下？

……虽然这么说但还是没有收拾

一点儿都不照顾我的感受

▼

互相变身为具有破坏性的人格

孤独　孤独

丈夫与妻子都有负面情绪的发作

因为工作真的很累啊！

一点儿都不珍惜我

为什么还没收拾！？你总是这样！

发作变身为具有破坏性的人格，情不自禁地怒吼"为什么你总是这样！"

丈夫一方也因为被怒吼，"自己一点儿都不被理解的孤独"引发的情绪发作变得更强烈，具有破坏性的人格使他"不愿再和妻子说话"。然后，"自己是孤独的"这种感觉就越来越成为现实。

认为"自己是孤独的"，会在出人意料的地方造成不好的影响。

例如在电车中，"其他地方那么宽敞，为什么要特意聚在如此拥挤的地方？"一旦这么认为就会"哔哔哔"地引起负面情绪发作。

简单来说，这是由"自己明明很照顾周围人的感受，但却只有自己遭遇不公平的对待"而感受到的孤独引起了负面情绪的发作。

感到不耐烦的时候，有时会遭到身后的人的手肘触碰。简单来说，这种情况就像是身边有人紧张的时候会感觉到"紧张会被传染"，使自己也变得紧张起来，对周围事物更加敏感一样。你的愤怒传染给了身边的人，

第 1 章
首先，孤独是什么

对方感觉"怎么回事啊？这家伙！"变得不耐烦最终攻击了你。

然后，从认为"自己总是遭到这样的对待"的孤独中，我变得更加容易引起情绪发作，陷入孤独感中，甚至无法乘坐电车。

由于感觉"自己是孤独的"而引起情绪发作变身为具有破坏性的人格后，你的愤怒会传染给身边的人，使身边的人也感到不耐烦。

对这样的情况我们通常理解为"周围人的愤怒是针对我的"，认为使周围人愤怒的自己是被众人嫌弃的存在，因此感到孤独，然后越发地容易引起情绪发作。

如此，无论走向何处都感到四面楚歌，越发陷入"自己是孤独的"感受中。

因为没有意识到引起上述现象的原因是认为"自己是孤独的"这一想法，所以总是觉得"为什么只有自己遭到这样的对待"，然后给予周围人影响，制造出使自己陷入孤独的状况。最终不断重复这样的循环。

即使在这里告诉我们，认为"自己是孤独的"这一想法是制造出这些不愉快状态的原因，我们还是执拗地认为孤独是常伴于自己的存在。

即使是小小的契机也会让我们感到"自己总是遭遇这样的对待"，然后引起孤独的情绪发作，因此我们无法停止这种噩梦般的状况继续出现。

对于究竟如何解决这个总伴于自己身边的"孤独"，我们总是似懂非懂，因此一直没能有针对性地解决它。

第 1 章
首先，孤独是什么

为什么孤独使人不快乐呢

每当假期时，我会有十天左右的时间一直一个人度过，不与任何人见面，只是一直不停地阅读书籍，或者做家务。

虽然家里也有智能语音助理，但是一个人在家里时也不会和它对话，只会自言自语，说些诸如"今天做什么料理呢？"之类的话。

做出料理后，就感叹"这个很好吃！"一个人于孤独中感到满足。这个时候会不禁觉得"咦？其实孤独意外地很快乐！"

身处人群中，或者是在集体中感受到的"孤独"是非常痛苦的，甚至会破坏人际关系。所以我不禁感到疑惑，"为什么孤独却感到那么快乐呢？"

其实答案非常简单。

原因在于我们"将他人的孤独变成了自己的孤独"。

大脑中有一种称为镜像神经元的机能，能够"模仿注意的对象的大脑状态"。

所以会引起例如"身边有人感到紧张的时候，自己也会感到紧张"这样的现象。

当看到对方的时候，如果能够理解"啊！原来是这个人的紧张传给了我"，就会觉得"好辛苦呢"，不会认为与自己有关，也不会对从他人处传来的紧张感而感到痛苦。

问题在于，明明对方看起来不像在紧张，我的大脑却擅自模仿对方的大脑，感受到紧张的情绪。

这件事发生在我与一位老师一起参加一场大型的学术会议，需要通过英语发表演讲的时候。

快到老师演讲时，我感觉"咦？心脏跳得很快！"然后觉得"肚子也开始痛起来了！"变得非常痛苦，

第 1 章
首先，孤独是什么

"啊！感觉陷入混乱了！"最后不禁冒出了冷汗。

"咦？为什么这么痛苦呢？"我郁闷着，等到那个老师演讲结束后，刚才的痛苦像完全没有发生过一样消失得无影无踪。我感到诧异，"咦？原来刚才的痛苦是来自老师吗？"

询问这位老师"您刚才看起来完全不紧张呢"，老师却告诉我"昨天由于太紧张完全没能睡着，刚才甚至由于紧张肚子都痛了起来，今天早晨也不知道去了多少次厕所呢。"

当看到演讲中老师的脸的时候，老师看起来完全没有紧张，所以虽然这份紧张来自别人，但我却误以为是自己在紧张，并且把这份紧张当成了源于自己。

源于自己的感情还有方法解决，但是如果将来自他人的感情当作了自己的感情，并想方设法努力解决的话，便会感觉紧张越来越严重。

在前面的篇章也写过，其实孤独具有有趣的性质。

这个性质就是在麻省理工学院进行的小白鼠实验中判明的"大脑有关孤独的部位的神经细胞变得活跃后，

会变得具有社交性"这一实验结果。"变得具有社交性"指"积极与人交往，擅长与人交往"。

反过来说，<mark>越擅长交往、看起来与孤独无关的人，其实越孤独</mark>。

当你感觉大家都看起来很开心并将注意力转向看起来很开心的那个人时，自己的大脑会模仿对方的大脑，"巨大的孤独感"袭来。

那是因为，对方看起来具有社交性是因为大脑中有关孤独的部位正在活跃运动。

但是，因为对方看起来完全不像是感到孤独，所以会认为"原来是自己感到孤独"。

明明是他人的孤独，却把它当成自己的情感的话，因为"不属于自己的感情无法处理"，从而陷入痛苦中，所以会认为孤独并不快乐。

其实当看到大家看起来和睦相处，感到只有自己被排除在外的时候，"具有社交性的大家"的有关孤独的大脑部位也正在活跃运动。

所以，只是将注意力转向他们，就会感受到"绝望

第1章 首先，孤独是什么

只有自己被排除在外的 孤独 ＋ 具有社交性的大家的 孤独

→ 绝望般的孤独感

虽然看起来相处和睦，但其实具有社交性的大家的"大脑有关孤独的部位"正在活跃运动。

般的孤独"。

从某种意义上来说，看着他们会感受到孤独的痛苦，其实是因为在窥视他们内心的黑暗，是具有社交性的他们正在感受着的孤独。

不具有社交性的我，就不需要像他们一样感受痛苦的孤独，反而能够享受孤独，并乐在其中。

一个人独处比较轻松，而且可以感受到超越孤独的自在和安心。

当我走出社会，觉得看起来相处得很好的人们，其实都充满着痛苦的孤独。因为看起来绝对没有这回事，所以模仿对方的孤独后，将对方的孤独当成了自己的孤独，忍耐并痛苦着，最后不禁感叹"孤独一点儿都不快乐！"

其实，我现在稍微地意识到是这样的道理，但从前的我并没有一丝要"享受孤独"的想法，所以一直在思考原因。

有一天，我在写稿时注意到了很惊人的事情。

我的母亲有六个兄弟姐妹，兄弟姐妹间的感情非常

第 1 章
首先，孤独是什么

好。而且，她也有朋友，和刚认识的人也能愉快地交谈，是个让人尊敬的人。虽然是奉子成婚，但也育有两个儿子。

所以我从来都没有感觉母亲是孤独的。

虽然能看出来被婆婆欺负显得很悲伤，或者因为我的父亲引起的麻烦而看起来很辛苦，但是我一次都没有认定过母亲是孤独的。

但是，看到上述小白鼠实验中"大脑的孤独神经细胞运动活跃时，人会变得具有社交性"这一报告时，我意识到"啊！原来我的母亲其实非常孤独！"

意识到这点时，我的内心中"孤独一点儿都不快乐！"的想法顿时消散了，然后被"孤独其实是很快乐的！"这样的想法取而代之。我意识到，原来我的孤独其实是因为将母亲的孤独当作了自己的孤独。

回想往事，在幼儿园中做幼师工作的母亲结束工作后，和我一起回家的途中突然询问还在上幼儿园的我："你有没有想要死的时候呢？"当时曾有过这样想法的我内心紧张了一下，不知道自己是怎么被母亲看穿了。

但是还在上幼儿园的我慌张地回答道:"怎么可能想过呢!如果自杀的话,人是会掉入地狱的吧!"

原本以为那时母亲的询问是由于她怀疑我有着"被大家排除在外,孤独得想要自杀"的想法。但其实是由于母亲自身因为过于孤独、过于痛苦而产生了"想要死去"的想法,我如今才意识到。

正因为我将母亲的孤独当成了自己的孤独,而我又无法将这份"孤独"处理好,所以便一直不能享受孤独的乐趣而持续痛苦着。

第 1 章
首先，孤独是什么

意识到"自己内心的孤独"就会看见明天

连自己都没有想象到的人其实是"孤独"的，而我的大脑在无意中却将其模仿擅自当成了"自己的孤独"。

一直想着"不论如何都要解决"的这份孤独，其实并不是"自己的孤独"。意识到这点，了解到"原来那个人也是孤独的"的时候，令人不快的孤独就会逐渐从内心中消失。

这时候，我自然会想到"那么我自身的孤独是怎样的呢？"因此不禁想要将注意力转向自身感受到的孤独。一旦将注意力转向"自身的孤独"的时候，我意识到自己一直在潜意识中认为"将注意力转向孤独是令人害怕的"。

　　因为一直以来将他人的孤独当作了自己的孤独而持续痛苦着，所以才会有"孤独是可怕的"这样的想法。但是，如果将目光转向自己的孤独，审视自己的内心，会惊讶地发现"咦？原来孤独并没有那么令人不愉快！"

　　虽然是孤独，但并没有令人感到凄惨或是无力，抑或是痛苦等令我们不愉快的感觉，反而能够感觉到平静。

　　直面只属于自己的孤独，享受这份平静，就会真切地感受到人类之外巨大的存在。

　　这时候就会意识到"啊！原来人可以通过孤独，第一次面对神秘的存在"。

　　于是理解了为什么修行中的僧侣或是悟道的人们总是只身一人，不与任何人接触。

　　但是即使面对比人类更巨大的存在，也能正视"自身的孤独"的话，就会产生"啊！我仿佛要成为神了！"这样不可思议的感觉。

| 第 1 章
| 首先，孤独是什么

将他人的孤独从自身中消除……

A小姐的孤独

消去

居然并不会难受！

咦？

自己的孤独

面对自身的孤独后会意识到

对孤独感到恐惧的时候，就会在意他人的眼光，时刻注意"不要被人讨厌"，不知不觉中就无法自由地思考或者行动。

但是，直面"自己的孤独"后，就感觉到"啊！从真正的意义上来说我是自由的！"

意识到"自己的孤独"，并且感觉到自己没有必要再在意他人的存在时，就会感觉看到了明天。

当把他人的孤独当作自己的孤独而感到痛苦的时候，"会被人唾弃"或者"会被人抛弃"这样的想法带着黑夜般的绝望感袭来，使我无法对自己的未来抱有希望。

但是，<mark>不再把他人的孤独当作自己的孤独，意识到"自己的孤独"后，就会感到未来向我们敞开胸怀。无论做什么事都是自由的，无论挑战什么也不需要在意他人的眼光</mark>。

意识到"自己的孤独"后，不会在意对于自己将要做的事情他人会有怎样的反应，只会默默地向自己所想的方向前进。

第 1 章
首先，孤独是什么

这里一定会有很多人思考，"将自己的孤独和他人的孤独区别开来，然后识别出自己的孤独会不会很困难呢？"

一直以来，无论是他人的孤独还是"自己的孤独"，都没有做出区别而生活着。"如今让我们将两者区别开来，怎么可能呢？"会有人产生这样的想法。

然而，当把"自己的孤独"与他人的孤独区别开来，将注意力转向"自己的孤独"时，在感到自由的同时，还会感到有无限的可能在展开，并由此感受到这种可能的魅力。

以往感觉向前一步就是黑暗，仿佛连明天都无法看到。而今意识到明确"自己的孤独"会有如此巨大的变化，就一定会对识别"自己的孤独"抱有兴趣。

所以，下面来介绍下能够简单地识别"自己的孤独"的方法。

这个方法就是，当感觉到孤独的时候，闭上双眼正视自己的内心。"啊！有除了自己以外的人浮现在脑海中！"如果这样，那么这份孤独就是来自那个人的。然后，请"那个人"从我的内心中离开，这么一来就会留下只属于自己的孤独。

又当如果由于孤独感到痛苦的时候，请再次闭上双眼，将注意力集中在由于孤独而引起的痛苦的感觉上，"啊！有别的人浮现在脑海中！"或许会有几个人浮现在自己的脑海中。这种时候再请"这些人"从自己的内心中离开。

脑海中没有任何人存在之后，在我的内心能感觉到的孤独就是属于我"自己的孤独"了。如果认为"自己的脑海中谁都不在了，感觉很寂寞"，那么这就是属于"自己的孤独"了。

为了能够注意到这份孤独，不断地将感到孤独时浮现出来的人们从内心中排除。

并不是将浮现在脑海中的那个人强行消除，如果认为"即使和这个人在一起也只会感到孤独"，就没有把这个人留在脑海中的必要，所以理所当然地会令他消失。

即使父母浮现在脑海中，也需要正视"与父母在一

第 1 章
首先，孤独是什么

感到"孤独"的时候，闭上双眼正视内心

如果有谁浮现出来……

那是属于那个人的"孤独"，请他离开吧

这么一来……

自己的孤独

就会看到属于自己的孤独

起也会感觉到的孤独"和"自己的孤独"。即便朋友浮现在脑海中,如果觉得"和这个朋友在一起,我也会感到孤独",那么就连朋友的存在也能够消除。

如此一来,最终就会出现即使跟对方很亲近,但还是认为"跟这个人在一起我也会感到孤独",那便是真正的"自己的孤独"。

并且,这份孤独中包含有许多的力量,具有无限的可能性,可以让你期待明天的到来。

这时候,终于可以意识到,自己一直将浮现在脑海中的他人的孤独当成自己的孤独,所以一直感到孤独是很痛苦的,但其实属于自己的这份孤独对自己是不可或缺的存在。

第 1 章
首先，孤独是什么

那么把孤独消除吧

直面"自己的孤独"是一件好事，但是，总会有人认为孤独对于自己来说并不是不可或缺的存在。

在日本，街头巷尾都流传着"接受孤独"的口号，也有许多以"孤独是好的"为主题的书籍出版。

但是，我认为这不过是纸上谈兵的空想罢了。这只让我感觉"仿佛被糊弄了"，抑或是"感觉只有自己因为孤独而吃亏"。觉得周围人应该没有像这样享受孤独。

既然如此，就把自己感受到的孤独消除吧。当开始思考如何才能消除孤独的时候，就需要回想"看起来没有感觉到孤独的人都在做什么呢？"

想想仿佛与孤独无缘的人们平常所做的事，就会在脑海中浮现出诸如"与朋友一起友好地谈话"或者是"与朋友一起去演唱会、一起去吃饭"这样的情景。

那么自己能否也像他们那么做呢，现实给出的答案是"不能"。即使与人谈话，也会不禁思考"对方是怎么想的呢？"无法像大家一样放松自己去享受交流的乐趣。

即使邀请朋友一起参加活动，也还是会思考会不会被对方嫌弃，虽然可以装作很快乐的样子，但其实并没有很快乐，搞不好还在孤身一人时被非常巨大的虚无感和孤独感袭击。

即使与众人谈话，因为过于照顾对方的感受，所以谈话必定会中断陷入沉默。

自己不在的时候，谈话明明会顺利进行，"为什么只有自己在的时候谈话无法顺利进行呢？"这么一想，现场的气氛似乎都变得冰冷，感觉"只有自己没能加入集体"然后被孤独感覆盖。

那么，自己与那些没有感受到孤独的人到底区别在

第 1 章
首先，孤独是什么

哪里呢？当这么思考的时候，会意识到我们无论是感兴趣的话题还是兴趣爱好都不相同。

因为对他人的闲话及有关娱乐圈的话题完全不感兴趣，所以即使大家在讨论这样的话题，也会认为"完全没有办法参与到大家的话题中！""讲这些话到底有什么意义呢？"如果开始思考谈话中的内涵或者意图，就会感觉一切都是无用的，然后无法像大家一样感到快乐。

即使与朋友一起去参加活动，也会产生"和大家一起去那里到底有什么意义？"的想法，让人不禁思考此行的目的。

自己只是因为害怕被大家排除在外所以才一起去，只是勉强而已，所以虽然表面上装作愉快地相处，但其实内心还是觉得"一点儿都不愉快"，只会感到与真正愉快地享受着的大家与自己之间的温度差，之后还是会被孤独所困扰。

在这里会发现"自己与大家是不同的"这一前提。

与大家兴趣和话题都不相同，思考方式也不相同，于是我们得出并设定了"自己和大家不同"的前提，所以最终会变得孤独。

因为不想让与大家不同的自己被排除在外变得"孤独'，所以才努力融入大家的圈子中。

但是，与大家不同的自己即使表面融入众人之中，内心还是无法顺利融入，最终还是会变得"孤独"。

写到这里可以发现，我们明明是为了消除"孤独"，但因为在不知不觉中开始寻找与大家的不同，所以陷入"孤独反而被加深"的状况。

那么，如果做出与之相反的事情或许可以消除孤独。**如果找出不同会感到"孤独"，那么不如寻找"和大家的共同点"**。

寻找与周围人的共同点，或许就能消除孤独！于是试着寻找。

那么就会思考"共同点是什么？"极端地说，共同点有'我们都是人类"且"都长着眼睛、鼻子和嘴巴"。

至今因为寻找出"与大家的不同点"而感到被孤独所困扰的人们，其实起初都是在寻找共同点，但是却不禁将注意力转向了不同点，所以才会觉得"自己其实与

第 1 章
首先，孤独是什么

大家不同，所以感到孤独"。

因此，我们下了"找出共同点很困难"的结论后，往往通过寻找"一体感"来消除孤独。"一体感"是指当团体成员能团结一心时所得到的感觉。

例如，在学校的班级中讨论某项活动时，如果"大家的意见都一致""大家都在向着同一方向努力"，就会使人产生一体感。在喜欢的歌手的演唱会上，如果大家都想着"歌声太美了"并且一起支持着歌手，这时候人们就会感受到一体感，孤独也随之消失。

那么，强迫自己迎合大家的意见就好了吗？可能会有人这么想，但这是不对的。

因为，强迫自己迎合别人只会让"原来自己和大家还是不同的"这种感觉在内心中逐渐发酵膨胀，最后还是受到孤独困扰。

所以，**不需要强迫自己和大家相同，而应该为了谋求"一体感"，尝试着去了解大家**。

不了解大家理所当然地就会认为"自己与大家不同"，但如果抱着兴趣去了解大家就会发现"啊！与大家的意见一致了!"

不是去寻找与大家的不同之处,也不需要强迫自己与大家相同,为了寻求"一体感",抱着兴趣而去了解对方,就会得到一体感,从而让孤独消失。

例如,在去他国的原住民所在的地区时,应带着"这些人具有什么样的文化?"的疑问和兴趣去倾听他们说话。那个地方固然有着属于他们自己的文化与历史,然而你也会发现他们有着各种各样有趣的习惯与思考方式。

着眼于"与自己的文化的不同"只会感到无聊,但是感叹着"哦!原来这里有着这样的历史和习惯!"然后抱着兴趣去模仿的时候,不知不觉中原住民会先把我们当作伙伴。

这时候,就能够与原住民产生一体感,分别时,不只是自己连对方也会感到不愿离别。

这种通过对不同的文化怀抱兴趣而取得的一体感,应该是由于感受到与大家的不同而感到孤独的人们能够做到的方法。

在日常生活中,我们在不知不觉中会擅自给他人贴

第 1 章
首先，孤独是什么

上像"这个人就是那样的人"的标签。例如"那个人很无礼""那个人容易生气"或者"那是奇怪的人"等等，擅自给他人下定义，从来没有从"对方的文化"的角度来理解对方。

所以即使在日常生活中，也应以"无论是谁，于我而言都是一种不同文化"的理念，像观察原住民一般，抱着兴趣观察对方。

例如，如果在公司里有个什么工作都不愿做的部长，放在平常我们会给他下"什么工作都不做，只会摆威风！"这样的定义。

现在，我们把他当作"不同的文化"来观察。

例如，"这个人在午休的时候，边读报纸边花费两分二十秒便将从便利店买来的梅子饭团吃完了。"抑或是"他大约有两小时一直盯着电脑画面，拿着文件找他盖印章的时候我确认了下画面，发现是在玩网上的围棋游戏。"还有诸如"他给文件盖章时，连内容都没有瞧一眼就盖下了。""他又去买了瓶绿茶，花了两小时喝完。"等等。

因为不了解大家，所以

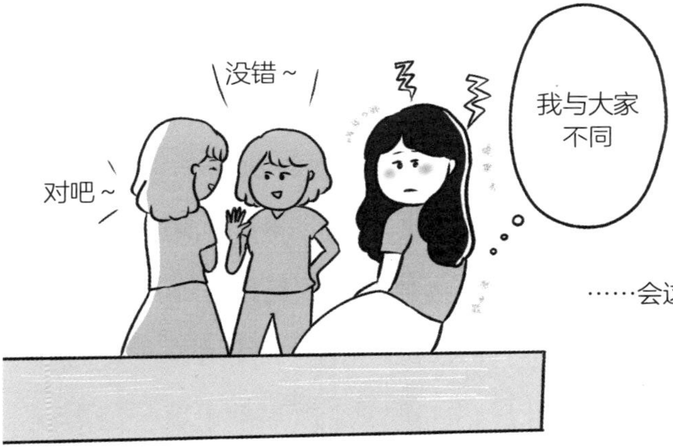

……会这么想

抱着兴趣去了解对方

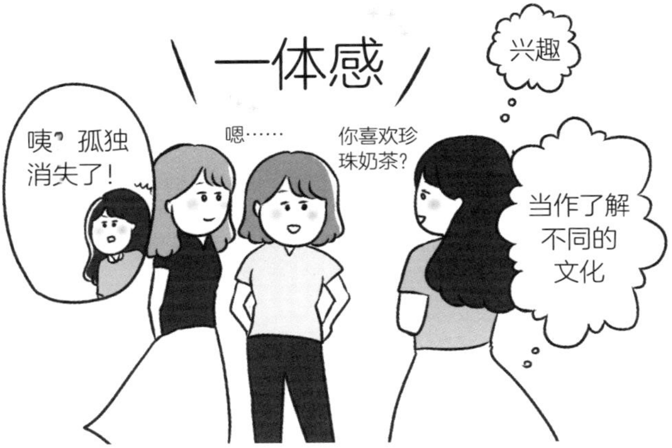

第 1 章
首先，孤独是什么

或许会有人认为这么做很麻烦，但是反正都会在意，不如将其作为"不同的文化"来观察，也许会看到不同的风景。

不擅自下定义，坚持观察，当收集到50个左右这样的例子的时候，或许会体会到"啊！原来这个部长是很信任自己的部下！"诸如这样的与以往不同的对方的文化。

如果换作自己，没有时刻监视着部下就一定无法信任部下，而这个人却不同。如此一来，就会在与之前一直嫌弃着的上司之间感觉到"一体感"。

因为拥有着不同的文化，所以尝试着对对方的文化抱以兴趣。然后，抱着兴趣试着模仿的时候，对方就会认为我们是伙伴，最终可以得到"一体感"。

然后无论何时何地，如果感觉到"孤独"的时候，只要回想起那时候感受到的"一体感"，并将之浮现脑海中，孤独就会简单地消失。

第 2 章

这个问题,其实源于"别人的孤独"

令人讨厌的人,其实只是孤独

| 第 2 章
这个问题,其实源于"别人的孤独"

因为他人"看起来幸福",而感到失落的理由

有一个人陷入了这样的一种状况:到了周末就不愿意外出。

之所以这样,是因为一到周末就会有许多人携家带口外出,看到这样的情景他就会觉得"大家看起来都很幸福",然后备感失落。

大家都看起来幸福,而只有自己感到"孤独"所以失落。

如果对普通的人倾诉这样的烦恼,会得到对方这样的回答:"不要去在意别人就好了!"

然而,无论如何,我们都会不禁将视线转向比我们

幸福的人，然后感慨"为什么自己这么孤独、这么悲惨"并沉浸在令人不愉快的感情体验中。

像这样因为他人的幸福而变得失落的人们有着这样的特征："**向他人倾诉自己的孤独**"。

向朋友诉苦："每当我出门逛街时，看到看起来幸福的人们总会不自觉地注意他们，然后感到失落。"这时总会被朋友回应"你不是也有家人吗？""你不是也有看起来很快乐的时候吗？"等等。

这时候我会回复道："但是我被家人们嫌弃着，所以即使在一起也不会感觉到一丝幸福。"或者"我只是假装看起来很快乐，其实从来没能像大家一样真正地享受当下的快乐。"

从自己口中说出的例如"被家人们嫌弃"或者"只是假装看起来很快乐"这些话语形成了"自我暗示"，因此会感觉"别人过得很幸福"从而变得情绪低落。

人具有能够"习惯"的本性。

如果好几次目击看起来幸福的家庭，起初或许会认为"真好"，但我们会逐渐"习惯"这一画面，最后不

第 2 章
这个问题，其实源于"别人的孤独"

知不觉中只能将这一情景当作"普通的事"。

原本以为"自我暗示"会阻挠"习惯"帮助我们从孤独的感情中解放，但其实我们在这之前倾诉烦恼的对象才是真正阻挠我们的原因所在。

当向朋友或其他倾诉对象（例如占卜师或者是咨询师）倾诉烦恼时，**对方的内心中存在着"固有的印象"**。

"固有的印象"是指擅自认为"这个人应该是这样的"。

如果自己告诉对方"感到失落"，对方会擅自认为"这个人是因为不成熟才会这么说"，然后又会认为"如果不让他变得成熟的话这个人就无法改变"，但是又无法直接对对方说："你过于小孩子气了！"所以只能告诉我们"你不是也有家人嘛！"

又或者，有些人听了我们的倾诉后，会擅自认为我们是"麻烦的人！"或者"真恶心！"然后武断地作出判断。即使如此，他们还是强作笑颜，说出类似"你不是也有看起来很快乐的时候吗？"这样安慰我们的话语。

之前也写过，人的大脑中存在着被称为镜像神经元的物质，拥有"模仿注意到的对象"的机能。

例如，大脑会自主地模仿他人所感觉到的紧张。

如果倾听烦恼的对象对于我们抱有"真小孩子气！"或者"真是麻烦的人！""恶心！"这样的想法并在大脑中加以呵责的时候，我们的大脑会模仿对方的大脑，认为"原来是我过于小孩子气"或者"我是羡慕他人的恶心的人"等，也对自己加以呵责。

我们一定想不到这份对自己的责备竟然是从朋友那里传递来的。之所以我们无法想象，是由于对方用言语表达着截然不同的意思。

所以，当看到幸福的人们时，我们就会不自觉地责备自己"过于小孩子气"或者是"恶心的人"。如果持续地自责，无论何时都无法习惯眼前的情景，只会变得越来越沮丧。

那么，为什么朋友或者倾听烦恼的人的大脑中会产生责备孤独的人的想法呢。

如果发现孤独的人，无论是朋友还是倾听烦恼的人

第 2 章
这个问题，其实源于"别人的孤独"

都对对方说"没有关系了！你已经不是孤独的一个人了！"这样的话语就好了，但还是会说出让对方陷入混乱的话语，甚至在脑海中浮现出责备孤独的人的想法。

这个现象其实是和模仿对方大脑的镜像神经元有关。

既然能够模仿感到紧张的人所感受到的紧张，也就能够模仿孤独的人所感受到的孤独，然后引起"孤独情绪的发作"，从而转变为具有破坏性的人格。然后其否定性的想法会传递给倾诉的一方，使倾诉的一方"自责"，形成一个恶性循环。

无论是多么优秀的人，都不能够避免"孤独情绪的发作"这一情况的发生。

所以越倾诉烦恼，不愉快的感情就越无法消失，然后变得越需要向人倾诉。

倾听烦恼的一方，也绝对不会想象到对方"孤独"的大脑竟然会影响到自己，然后引起情绪发作。

所以，倾听烦恼的朋友的大脑中浮现出"这个人只是被宠惯了"等严苛的话语，也会相信这些是自己的真正想法。

安静　　　发作中

孤独

倾听者　倾诉者

倾诉烦恼的人的"孤独"影响倾听者的大脑……

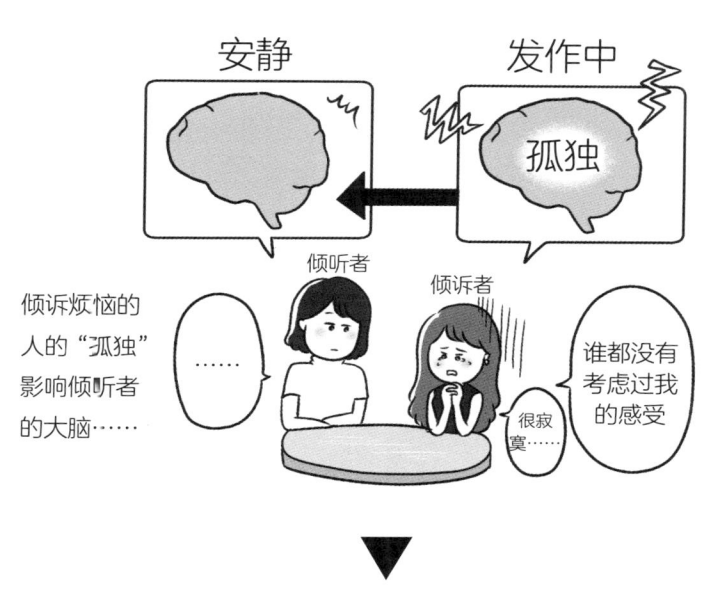

……

很寂寞……

谁都没有考虑过我的感受

发作→变身为具有破坏性的人格

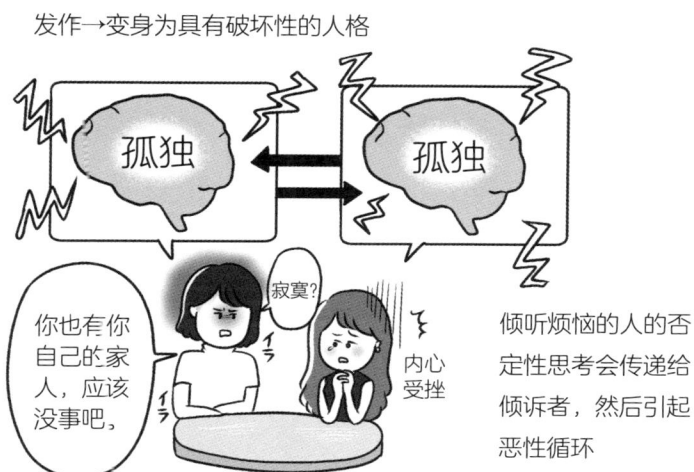

孤独　　孤独

你也有你自己的家人，应该没事吧。

寂寞？

内心受挫

倾听烦恼的人的否定性思考会传递给倾诉者，然后引起恶性循环

第 2 章
这个问题,其实源于"别人的孤独"

实际上,具有破坏性、否定性的想法是孤独情绪的发作所产生的想法,并不是自己的真正想法。

不再向朋友倾诉烦恼后,会不可思议地发现:"咦?即使看到幸福的人也渐渐觉得无所谓了。"

为什么人会变成具有破坏性的人格

人类的身体中存在着保持平衡的功能,我们将其称为"恒常性"。即使由于愤怒而处于兴奋状态,这一兴奋的情况也不会一直保持,正是由于"恒常性"的功能在运作,将兴奋的荷尔蒙中和,使我们恢复到平常心。

这个"恒常性"的功能也作用于我们的感情。例如我们一旦产生出一种情感,为了恢复到平常心的状态,"恒常性"会自动产生出与该感情相反的感情。

最典型的例子就是"爱憎"。

第 2 章
这个问题，其实源于"别人的孤独"

我们常说"因为爱怜过度反而感到憎恨"。这是指若感到爱怜的感情过于强烈，那么稍微有憎恶的苗头出现，这个憎恶的感情就会变得非常强烈。

为了将"爱怜"的感情恢复到平常心，"恒常性"将与之相反的感情"憎恶"同样地投入到心中让其发挥中和作用。

所以人会以"被对方拒绝"为导火线，迅速染上憎恶的感情，就是这样的道理。

人类通常寻求着被接受（接受真实的自己）和共鸣（理解自己的真正想法与感情）。

这时候也有所谓的"恒常性"在起作用，因此会产生与之相反的"拒绝与否定"来维持平衡。

普通的人经常会有这样的想法浮现在脑海中，"如果被对方拒绝了一定会大受打击，因此提前预想着最坏的情况。"

例如，给售后服务中心拨打电话的时候，也会提前预想如果被对方以失礼的态度对待时的反应，想象着"与对方产生争执时的场面"。

但是，其实我们在没有刻意意识的情况下"拒绝与否定"也会在大脑中自动运作。想象着售后服务中心的工作人员对我们说："真的是非常抱歉！是我们的过错！"然后理解我们所处的状况，接受我们所提的要求。越想象，与之相反的情景就越自动浮现在脑海中，以便维持平衡。

拨打电话之前，售后服务中心的负责人对我们说"是您的使用方式不对导致的！"或者"我们不接受任何的投诉！说明书里面不是已经写了吗？"诸如此类对方拒绝我们、否定我们的想象在不知不觉中浮现在我们的脑海中。

所以即使抱怨着"真是不愿意打电话"，实际上打了电话后，只要售后服务中心的负责人稍微说出类似"很抱歉没有理解您说的内容"<mark>这样刺激自己的"孤独"情感的话语，平衡就会倾向"拒绝与否定"</mark>，使我们不禁想："什么东西！这家伙！"然后变为具有破坏性人格的投诉者。

没有得到原本所期待的被接受与共鸣而感受到了

第 2 章
这个问题，其实源于"别人的孤独"

"孤独"从而失去了大脑中的机体平衡，然后通过拒绝与否定成为具有破坏性的人格的人。

从大脑的神经角度来看，在"接受与共鸣"时抑制兴奋的抑制性神经在运作，而"拒绝与否定"时兴奋性神经在强烈运转。

关于这二者我们可以想象它们在大脑中保持着电流的平衡。并且，受到能让人感觉到"孤独"的刺激而导致抑制性神经的力量变得薄弱时，大脑就会产生激烈的电流紊乱（过剩的兴奋）。

当这个激烈的电流紊乱产生的时候，人就会产生破坏性的人格。

比如非常拼命地完成工作的时候，想象着上司会表扬"做得太好了，真厉害"的同时，也会有"为什么会花费这么多时间呢"或者"这工作做的完全不行啊"类似这样被批评的、完全相反的印象浮现在脑海中，来维持脑中的平衡。

首先，假设你说着"完成工作了"然后向上司提交报告书的时候，上司连脸都没有看你一眼，用一只手

期待着被上司表扬的同时

被批评的画面也会浮现脑海中，来维持平衡

▼

没有得到预期的反应，大脑的电流就会失去平衡

引起孤独的发作，瞬间变为破坏性的人格

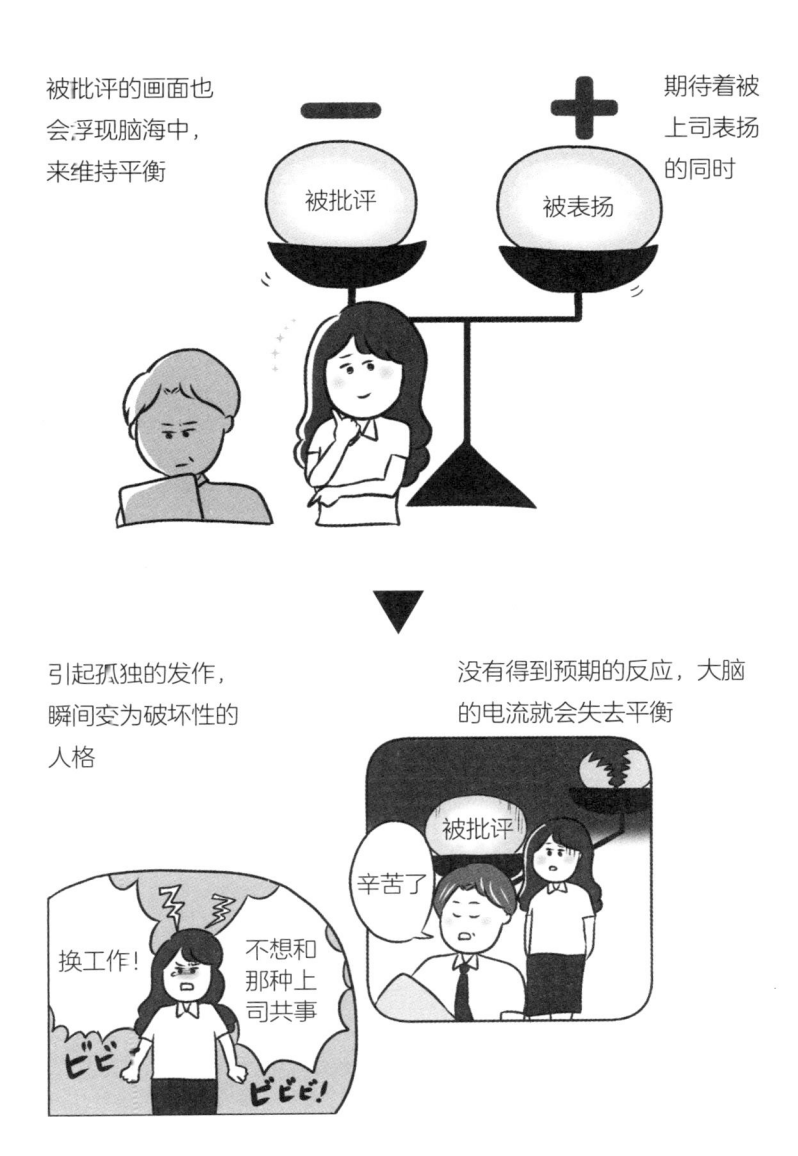

第 2 章
这个问题,其实源于"别人的孤独"

"啪啪"地随意翻着报告书,只对你说了句"好的,你辛苦了。"

然后想到"我的努力完全没有被理解!",然后被"孤独"刺激的大脑中,电流平衡被破坏,"哔哔哔"地引起情绪发作,然后由于拒绝与否定变身为具有破坏性的人格,想着"在那样的上司身边没法工作"或者"不想在这样的职场工作",于是会出现突然决定换工作的情况。

他人看来,可能会觉得"咦?只是因为这样的事情吗?",但为了维持平衡,期待越高,相反的印象就越容易浮现在大脑中。

所以,脑内的电流处在容易紊乱的状态中,稍微有能让我们感觉到"孤独"的契机存在,就会引起激烈的电流紊乱,然后变身为"具有破坏性的人格"。

有一位太太,发挥自己的所有本事做了晚饭,等待着丈夫的归来。"反正那个人,就算我多么努力做了料理也不会抱有一点点的感恩之心吧。"想着想着,然后像平时一样开始想象。

最糟糕的情况应该是，丈夫只是回复"今天在外面吃了晚饭"或者"中午吃了很多的料理，所以晚饭想吃易消化的食物"。

但是这个时候，人类的大脑中必定为了"维持平衡"使"恒常性"运转，因此与"被拒绝"相反的"被接受"的想象也会浮现出脑海。

为了维持"拒绝与否定"的平衡，脑海中会浮现出丈夫说着"做这道料理一定很辛苦吧！"然后把食物塞满口中，做出看起来很好吃地吃着料理的模样，或者是说着"哇！好厉害！你的料理越做越好了！"这样赞美的语言的情形。

"咦？我对那种人没有抱任何期待！"即使这么想着，但是越想象对方抱有否定性的态度，相反的印象就越是会不知不觉中浮现在脑海中。

所以，丈夫回来吃饭的时候，当妻子询问"怎么样？好吃吗？"，如果丈夫连脸都不看就只是回答"什么？"，妻子就会有"一点儿都没有理解我的辛劳"的想法伴随着"孤独"浮现，并以此为导火线，在脑内引

第 2 章
这个问题，其实源于"别人的孤独"

发激烈的电流的紊乱。

然后觉得"这家伙怎么回事！"，伴随着愤怒，说出"为什么你答应了整理好桌上的东西却还没有整理？"这样破坏关系的话。

丈夫遭到妻子这样的对待后，感到愤怒："我工作这么辛苦，才回到家，怎么这样对待我！"而妻子也越发觉得丈夫"连自己的事情都没法做好，真是没用的人！"，导致两人之间的关系越来越疏远。

如何才能不因他人的"孤独"而受累

以"孤独"为契机，人会引起情绪发作，然后变为具有破坏性人格的人。

孤独情绪发作的时候，大脑中会引起激烈的电流紊乱。

所以，如果想着怎样才能帮助眼前"孤独"情绪发作的人，试着去接触对方的时候，我们也会"哔哔哔"地引起同感反应，之后不知道为什么感觉不愉快，对对方的愤怒油然而生，或是感觉对对方做出了抱歉的事，内心充满罪恶感，整天考虑着对方的事，最终因为对方

第 2 章
这个问题，其实源于"别人的孤独"

而受苦。

不止是这样，当我们触碰到孤独的情绪时，就会模仿对方的大脑引发同感。通过我们的孤独情绪引起的电流同样地传递到对方的大脑，使得对方的孤独情绪也越来越严重。

这种情况下，我们咨询师之间有着这样的共识，即"**跨过情绪发作**"，也就是指<u>如果发现了"引起情绪发作倒下的人"，要跨过他们继续向前走</u>。

这样做，可能会被认为"什么！真是冷淡的人！"。但是，如果对"哔哔哔"地正在引起同感的人想方设法去帮助、去接触的话，我们自己也会跟着引起这样的感应。

对于正在引起"孤独"的情感发作而变得具有破坏性的人，直接路过，对方反而会觉得"啊！情绪平息了！"

请记住对于正在引起情绪发作的人，如果抱着"要想方设法帮忙"这样的想法去接触他的话，自己也会引起感应，而且还会使对方的发作情绪变得更加严重，造成噩梦般的结果。

唔!

哔哔哔!

如果接触正在情绪"发作"的人，会引起自己类似的感应

要想方设法帮忙……

▼

跨过情绪发作

安心

跨过情绪发作，等待对方的情绪平息

咦?

好像情绪发作平息了……

第 2 章
这个问题,其实源于"别人的孤独"

有一位女性,她的伴侣愤怒地说:"为什么你参加公司的聚会,不事先告诉我呢!"

这时候,女性觉得"如果我早点联系他就好了!",因而感到后悔,对伴侣表示抱歉。

于是伴侣继续说道:"你总是这样!房间也没有办法好好整理!也完全无法照顾我的感受!"伴侣变得更加地愤怒,使女性的心情变得不愉快。

但是女性认为没能好好整理房间的确实是自己,因此会告诉伴侣:"真的很对不起!我时时刻刻都在考虑你的感受!"

即使这样,伴侣还是说:"你总是只有嘴上答应!完全没有付出实际行动!"见状,女性只好一直回答"对不起"。

伴侣的愤怒越来越升级,最后忍无可忍地对女性说:"没有办法和你一起生活下去了!"

这是很常见的情景,但可能会有人觉得"咦?这哪里属于情绪发作呢?"

其实,由于伴侣有着"自己都没有被同事邀请参与聚会"或者"她比起我更优先公司的人"的印象，因此所感受到的"孤独"成了契机，在其脑内引起了激烈的电流紊乱，导致变为具有"破坏性的人格"的人，所以攻击女方。

女性虽然没有意识到，但是潜意识中认为"通过自己表现出反省的态度，让这个人的愤怒平息吧"，而且女方也由于感应到伴侣的情绪发作而变得心情不愉快。对方的情绪发作就会变得越来越严重，变成"破坏性人格无法抑制"的状态。

因此在这种场景下，女性被责怪时，应该认识到对方的负面情绪正在"发作"，然后采取"跨过情绪发作"的姿势。

只是，我们不会采取"无视"或者"沉默"等态度。

出人意料地，这是我们处于与对方的情绪发作有感应时才有的状态。

所以，对正在情绪发作的伴侣说"一小时后我会回来的"，然后去附近的餐厅边喝茶边看杂志，再回到家就没事了。

第 2 章
这个问题,其实源于"别人的孤独"

这样,就会发现"咦?伴侣竟然在准备晚饭。"换作平常,事态一定会变得越来越严重,但是回到家后却发现对方的心情已经平复,这时候你会感慨"哦!跨过情绪发作原来是一个不错的方法!"

但这时一定要注意不要一不小心说出"刚才很抱歉"这类话语。因为这有可能会再次引起情绪发作,所以要当作什么事情都没有发生回到家,继续正常生活。

然后,如果对方又引起情绪发作的时候,"跨过"正在引起情绪发作的对方并从现场离开,重复着这样的过程,就会逐渐发现:"啊!对方渐渐地不再情绪发作了!"

这里不得不注意的是,"对自己做出反省"也是一个试图平息对方情绪的行为。

当我们由于对方的反应而变得不愉快时,如果能够认识到引起"孤独"的负面情绪在发作,不仅能够避免自己受到影响,也会避免使对方的情绪发作变得更加严重。

对于职场的上司,虽然知道对方正在情绪发作,但是可能会觉得"直接跨过有点困难"。

这种时候需要用到别的方法。如果难以跨过的对象正在情绪发作的时候，我们就在内心中反复念叨"我也是孤独的"。

即使知道对方正在发怒，大脑也会自动地模仿对方。知道对方正处于孤独情感中，我们就觉得不论如何都要帮助对方，然后由于说了多余的话，陷入反省。

越是重复这样的流程，对方的情绪发作就会变得越严重，这种时候只有在脑海中念叨"我也是孤独的"，才能让"不论如何都要帮助解决对方的孤独"这样焦虑的心情消失，变得可以正视对方的情绪发作。

类似"因为，我也是孤独的啊"这样的感觉。

而且，"孤独"是由于对方的大脑中认为"只有我一个人感到孤独"。所以如果告诉对方"感到孤独的不只有你"，对方的"孤独"就会被这边的"孤独"所打消，情绪就平息了。

对于脑内的"恒常性"，通过让对方知道我们也"孤独"，让对方意识到"啊，我的孤独被人理解了"或者"不只有我一个人感到孤独"，从而获得平衡，平息情绪。

第 2 章
这个问题，其实源于"别人的孤独"

对方情绪发作的时候，在大脑中念叨"我也是孤独的"……

我也是孤独的……

我也是孤独的

为什么不懂呢！

通过传递"孤独的不只是你"，用自己的"孤独"消除对方的"孤独"

孤独的不只是我

孤独 孤独 孤独 孤独

没有关系的

能看到对方"孤独"的暗示

无论是谁感觉到"孤独"的时候，大脑都会引起激烈的电流紊乱使得情绪处于发作状态，因此无法理解"啊！这个人由于孤独变得这么麻烦"。

除了无法理解之外，还会认为"无论如何都要帮助解决这个人的不愉快感情"，然后对正在情绪发作的人出手，使得对方的孤独情绪变得愈加严重，结果只会被对方的"孤独"耍得团团转。

如果像电视剧的主人公一样能够用演技表现"孤独"，让人容易理解"啊！这就是孤独的表情"，我们

第 2 章
这个问题，其实源于"别人的孤独"

就会知道"这是孤独的人，不能靠近"或是"如果想要解决这个人的孤独就会被牵着鼻子走"。但正是因为完全看不出来所以才比较麻烦。

所以需要运用到暗示，来看到对方的"孤独"。

这个暗示就是：我有没有感觉到孤独？

为什么为了看到对方的"孤独"需要确认"我的孤独"呢？有人可能会抱有疑问。

这是由于具有能够模仿对方大脑的镜像神经元的"自动模仿注意到的对象"的性质。

所以才需要我们在心中念叨"我是否感觉到了孤独？"

在小说和漫画里常有这样的情景，开悟的人说道"用你心灵的眼睛看"。

"咦？用心灵的眼睛怎么看？"自从小时候阅读后，就一直对此抱有疑问。"是要闭上眼睛吗？"或者"是让我们使用超能力的意思吗？"这样认真地尝试了各种方法，但最后还是发觉自己一点儿都没有办法用心灵的眼睛看。

但是了解"镜像神经元"这样便利的存在后，就理解了原来是这么回事。

因为大脑会自动模仿对方,所以即使不注意眼前的对方的表情或者言行,<mark>只要注意自己正在感受到的感觉就会了解对方,这就是所谓的"用心灵的眼睛看"</mark>。

假设伴侣突然怒吼:"为什么不能好好完成我交代的事呢!"

确实,今天一整天都提不起劲,只是一直看着网上的内容,等到时间一不留神流逝,看到对方的脸才突然记起:'啊!完蛋了,完全忘记了那个人拜托的事!"

如果换作平常,我一定恼羞成怒,向对方反驳道:"我也是很忙的啊!我又不是你的保姆,别对我指手画脚!"

然后,伴侣会更加生气,说道"你总是这样,拜托你做的事情从来都没有做到!"接着愤怒越来越升级……

因此,在伴侣将愤怒投向我们的时候,试着在内心中询问自己"我是否感觉到了孤独?"

这时候,就可以凝视自己的内心,发现那里正有愤

第 2 章
这个问题，其实源于"别人的孤独"

当伴侣生气的时候

是你不对！

这样念叨着，然后正视愤怒

我是否感觉到孤独？

丈夫说了我讨厌的话！

没有被任何人珍惜

就会知道愤怒的真相

丈夫正感受到"孤独"！

这份愤怒来自丈夫

怒在涌起。

但不是以"伴侣那样说我所以才感到愤怒"的态度，而是认识到这是从伴侣方传来的愤怒，然后念叨着"我是否感觉到了孤独？"来正视这份愤怒。这样，就会认识到"啊！我感觉到了不被任何人珍惜而产生的孤独！'

但是有时会认为"这个愤怒并不是源于伴侣，而是我自己所感知到的吧"，即使受到伴侣失礼的言论与行动对待，**也会当作自己的孤独**，因此才会被对方的"孤独"牵着鼻子走。

将注意力转向对方的时候会意识到，"用心灵的眼睛观察"就是指大脑自动模仿对方的性质。

这样，就会理解这个人正感受到不被任何人所珍惜的孤独。

然后就会意识到："啊！对方对我这么生气是因为孤独的情绪正在发作。"所以就可以对对方采取"跨过情绪发作"的行动，敷衍着对方离开现场。

过了一段时间，对方就会说着"之前很抱歉！因为

第 2 章
这个问题，其实源于"别人的孤独"

在公司里发生了不愉快的事情"的话来向你道歉。通过对方的详细解释就会知道并不是自己感受到孤独，然后会不禁感叹："用心灵的眼睛观察真是厉害！"

与朋友正在一起喝茶且交谈正欢时，突然对方说："你这个人不擅长交往吧？所以才没有朋友啊！""咦？"之后大脑变得一片空白。

不禁思考"我被大家这么嫌弃吗？"或者"难道大家都在暗地里说我的坏话？"，然后感到失落，最后变得无法振作，不想再和那个朋友继续交往。

但是，我们感到不愉快，有很大的可能性是因为对方正在变为具有破坏性的人格的人。

所以我试着在心中念叨："我是否感受到孤独？"然后以"心灵的眼睛"来观察。

确实，比起感受到失落的孤独，不如说是感受到了凄惨。

这或许是因为被对方说自己没有朋友，所以感到凄惨是理所当然的。然后就把这份孤独当成了属于自己的。

但是如果质问自己是否感受到了孤独并且用"心灵的眼睛"凝视的话，会发现"啊！原来是因为对方没有被我理睬，所以感觉到了孤独然后变得自卑"。了解真相后，心里就会感到舒畅。

为了不被对方的孤独牵着鼻子走，注视对方的眼睛回答"原来是这样啊"，并且在心中念叨着"我也是孤独的"，就会发现对方的孤独情绪平息了，表情也变得温和了。所以"用心灵的眼睛凝视"是很有趣的。

第 2 章 这个问题，其实源于"别人的孤独"

如果自己反省了，别人却会变得更加令人生厌的原因是什么

当动物感知到危险的时候会选择"战斗或者逃跑"。

人类与其他动物的不同之处在于，当感知到危险的时候，除了"战斗或者逃跑"，他们还有"反省"的选择项。

当对方发怒的时候，**动物就会做出"战斗或者逃跑"的反应**。

但是，人类会反省"或许是自己的行动让对方感到生气"。

然后通过自己的言行向对方表示抱歉，平息对方的愤怒。

例如，自己比约定好的时间晚到，等候多时的对方说着"迟到了！"然后露出愤怒的表情。

看到这样的表情时，你会反省"啊！如果早点出门就好了！下次绝对不能迟到！"并向对方道歉。

从常识上来说，这是理所当然的。

毕竟没能在约定好的时间到达，给对方添了麻烦，当然需要反省和道歉，对方也会这么认为。

但是如果向对方道歉"很抱歉迟到了！"对方可能会说"你总是这样！"变得更加生气。

"咦？我不是好好地反省道歉了吗？"由于无法平息对方的愤怒，我们也会感到不满而显得不耐烦。

然后对方就会说"你，其实没有好好地反省吧！"

"咦？不是的，我真的觉得迟到了很抱歉，也真诚地在反省啊。还想着下次一定要比约定时间更早到。"

虽然这么告诉对方，但正在生气的对方会说："你总是嘴上说说而已！每次嘴上都说正在反省，但还是不

第 2 章
这个问题，其实源于"别人的孤独"

断地重复同样的事情！你到底在想什么？"不给我们任何一丝被原谅的余地。

即使我们叹着气，再次表达歉意，对方也会继续斥责"一点儿都不用心！你其实完全没有觉得自己有错吧！"

没有一丝被原谅的余地，我们也感到有些不耐烦，最后恼羞成怒，失去理性地说道："我也是很忙的啊！根本没有闲暇陪你玩啊！"导致对方生气地离开。

结果内心备感歉意，"啊！因为我的原因让对方生气了！"一个人独自反省着，甚至因心情不愉快而失眠。

因此，当因为自己迟到而导致对方愤怒时，可以试着念叨："**我是否感受到孤独**？"并对眼前由于自己迟到而愤怒的对方，试着用心灵的眼睛凝视。

凝视自己的内心，就会发现眼前的对方确实正在生气，而自己的内心中也存在着恐惧。

或许会觉得"这是当然的吧！对方正因为我的迟到而发怒，或许会对我采取什么行动。我感到恐惧是理所当然的。"

但是如果抱着"**我是否感到孤独**？"的想法，尝试着用心灵的眼睛凝视，就会发现这份恐惧之下隐藏着对方认为"自己被当作是没有价值的人"的孤独。

从愤怒的对方完全看不出恐惧和孤独，那是因为对方的孤独情绪正在发作。

"反省"的意图是"意识到自己不好的言论与行动并改正"。但是其本质是"平息对方的愤怒来回避危险"。

这和无论如何都要平息对方的情绪发作的行为是相同的，所以我们也不断地感应到对方，使对方的情绪发作变得更加严重。

结果，只会使愤怒的对方变得更加惹人讨厌。

因为"对方迟到"，感觉"自己没有被珍惜"，脑内的"接受与共鸣"的平衡变弱，在脑内引起激烈的电流紊乱导致孤独情绪发作，于是对方变为具有破坏性人格的人，所以无法平息对方的愤怒。

这时候，我们的反省并不能打消对方孤独情绪的发作，我们越是反省，对方就会变得越惹人讨厌。

所以当我们抱着"我是否感到孤独？"的疑问，用

第 2 章
这个问题,其实源于"别人的孤独"

心灵的眼睛凝视的时候,会看到对方的孤独,因此使对方孤独情绪的发作变得更加严重的反省就失去了必要。

"啊!我也是孤独的!"看着对方的眼睛这么想着的时候,就会发现"咦?愤怒不像之前那样强烈了!",因此反省真的是没有必要的。

如果我们反省,不管过了多长时间我们都无法注意到对方的"孤独"。

所以,总是反省的人周围会发生这样一个可怕的现象:对方变得越来越令人讨厌。

意识到对方的"孤独",然后念叨"我也孤独"的时候,对方的孤独情绪就会平息,接着与那个人之间就会产生"一体感"。

然而,会反省的人通常为了寻求"一体感",错误地认为通过反省改变自己,就能够和周围的人感受到"一体感"。

然后越反省,周围的人就会变得越具有破坏性,随后产生更多的"孤独"。

不断重复"反省",对方会变得更加令人生厌

去附近扔垃圾的时候,被住在附近的年长的女性突然瞪视。然后我不禁思考:"咦?我是不是做了什么坏事?"

"或许是上次我在家里听音乐的声音有点儿大了,所以对我生气吗?"这么想着,然后反省"下次要注意音量!"

然而,又一天,"你好!"对着同样的女性打招呼的时候,对方还是以视而不见的态度无视我们。"到底是因为什么啊?"愤怒不禁油然而生。

第 2 章
这个问题,其实源于"别人的孤独"

我们微笑着打招呼,为什么对方要以那样的态度对待?我愤怒地这么想。

从那位女性的态度来看,我不禁思考:"咦?难道是在家吵架的声音被她听到了,所以她才这么蔑视我?"然后认为"啊!要注意不要再吵架了!为了不让她觉得我是奇怪的人,要更加注意态度!"

接着,这次是那位女性反而来向我搭话,对我说:"您倒垃圾的方式能不能好点儿?""咦?"我受到了打击。

"我明明是按照街道办的规定倒垃圾,而且难道她连我家的垃圾也都检查的吗?这个人怎么回事?"想到这里,愤怒就像火把一样燃烧,我反驳道:"我们家有好好地分好垃圾!"

此后,连其他邻居的态度也变得奇怪。"啊!糟了!是那个女性在传奇怪的谣言!"不禁反省对年长的女性采取强硬的语气说话的事情,陷入不愉快的情绪中。

感觉被那位女性步步紧逼,甚至想要搬家。

和别人提到这个人的时候,对方可能会说:"既然是那么讨厌的人，不要去想就好了！"但是正因为是"讨厌的人"所以才会认为要好好反省自己的行动，不惹对方生气。

或许我们难以想象，态度上令我们感到不愉快的"讨厌的人"，其实只是在引起"孤独"情绪的发作。

因为，令人讨厌的那个人的态度通常都很自大，自信在令人不快的态度中洋溢着，所以看起来与"孤独"无缘。

这样的女性在眼前，即使念叨着"我是否感到孤独？"并用心灵的眼睛凝视，也会认为被对方厌恶而感受到不愉快是理所当然的。

因为这位年长的女性很明显采取着令人不愉快的态度。

但是，念叨着"我是否感到孤独？"并用心灵的眼睛凝视后，就会看到"由于被大家畏惧而感觉到的孤独"，因此会惊讶地觉得"咦？像这样的人也会感觉孤独的吗？"

这种人被人警戒着、畏惧着、拒绝着，因此变得

第 2 章
这个问题,其实源于"别人的孤独"

"孤独",然后变成具有破坏性的人格的人。之后,越来越无法停止采取自大的态度,或是刻薄的言行,最后变成了更加令人讨厌的人。

对于这种人,我们通常采取反省的态度,并且认为这是谦虚的行为、正确的事。但是从动物角度来说,相当于我们采取了面对敌人时所采取的"战斗或者逃跑"的反应,所以<u>不得不说我们没有将对方当作"同伴"</u>。

由此可见,对方因为感到"孤独"而引起不良情绪发作。

对此我们越反省,对方就越感觉被当作了敌人,然后"孤独"的情绪就更加无法停止,对方就会变成更加令人讨厌的人。

对于正在抚养孩子的父母,也会发生同样的事。

假设这样一种状况:孩子沉迷于游戏,一点儿都不听父母的话,也不学习,连升学都很困难。

这时候,如果妈妈反省"是我的教育方法不对,所以我的孩子变成了这样",然后试着更改自己的教育方式,孩子就会变得更加沉迷于游戏。

即使妈妈对孩子说"是妈妈不对，所以我们还是开始学习吧！"孩子也只会回复"吵死了！"等不中听的话。孩子变得如此惹人讨厌，正是由于"孤独"情绪在发作。

在这种状况下，父亲认为是妻子过于溺爱孩子而导致了这样的结果，"是妻子的教育方式不对！"内心中如此责怪的同时，也反省"其实是我没有注意自己的家庭，所以才导致了这样的情况"。

但是，如果连父亲都这样在内心中反省，孩子就会大喊着并开始在家中"暴动"。那时候父母就会诧异："咦？明明这个孩子不是这样的！以前是那么诚实可爱！"

与处在这样状态下的孩子对话时，孩子们会说自己感觉"被父母当作是不愿触碰的痛处"。

但是，父母们反而会觉得，自己正反省一直以来与孩子相处的方式，所以应该没有问题吧！

从动物的角度来说，反省相当于"战斗或者逃跑"，因此对方会认为自己被当作了危险人物。

所以，孩子们会感觉自己被正在反省的父母当作了

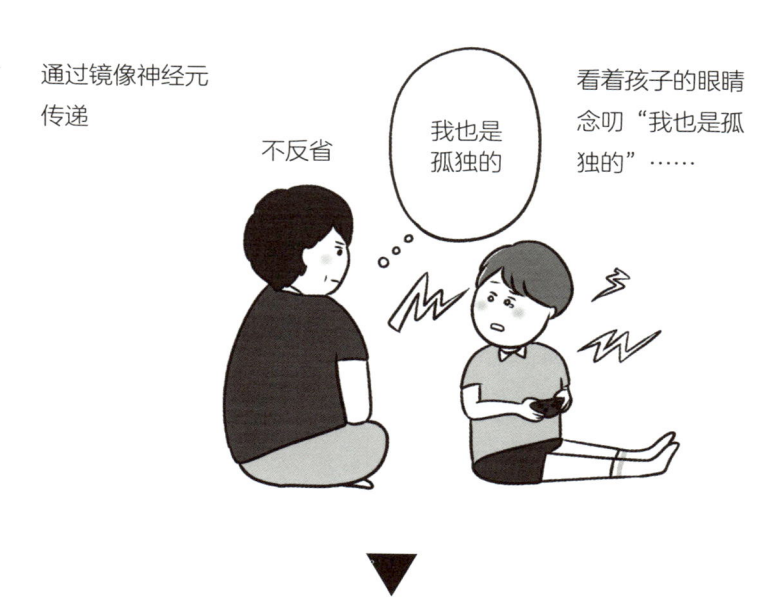

第 2 章
这个问题，其实源于"别人的孤独"

通过镜像神经元传递

不反省

我也是孤独的

看着孩子的眼睛念叨"我也是孤独的"……

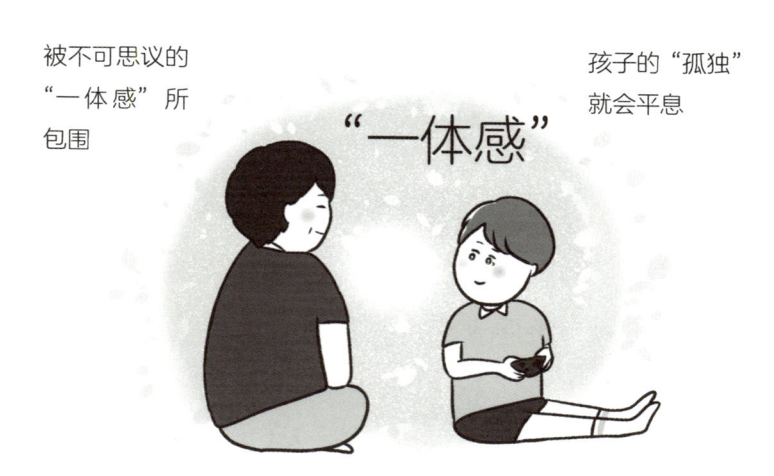

▼

被不可思议的"一体感"所包围

"一体感"

孩子的"孤独"就会平息

怪物，感受到了自己"与父母不同"的孤独，然后负面情绪变得愈加严重，变成更加令人讨厌的孩子。

这时候，<u>如果决心不反省，然后念叨着"我也是孤独的"并用心灵的眼睛凝视</u>，就会通过镜像神经元传递给孩子。

如果父亲注视着孩子的双眼念叨"我也是孤独的"，孩子的"孤独"就会平息，瞬间就会被不可思议的"一体感"所包围。

第 2 章
这个问题,其实源于"别人的孤独"

在你的愤怒背后
隐藏着"反省"

即使表面上扮演着温柔善良的人,心中有时也会突然觉得"为什么要被那种人说那样的话!"然后愤怒油然而生。

接着不禁思考怎么样才能报复对方,感觉内心变得非常肮脏。

意识到这点后,不禁反省自己心胸的狭隘,想让自己变成内心更宽广的人。但是偶尔会有一瞬间,突然浮现出"为什么只有我会遭遇这种事呢"或者"为什么那个人要对我采取那样的态度"这样的想法,并且内心涌起愤怒，珍贵的时间由此被消磨。事后，又反省自己的行为，不断重复这样一个过程。

那么为什么我们会被愤怒附身呢？原因在于"反省"。

"反省"是通过回想自己的行为，做出"不好"或者"没有做好"等评价，并且下决心改正的行为。

但是，即使反省并改正行动，也会存在"没有被任何人理解"也"没有被任何人认可"的现实。

而这会激发"孤独"情绪的发作，结果变为具有破坏性的人格的人，无法抑制愤怒。

即使告诉对方"我现在已经在反省了，而且今后会改正的！"也无法被对方真正地相信并理解所表达的意思，对方这样的想法反馈过来时，人就会感到"孤独"，感到愤怒。

但是，"我已经这么努力地反省，却不被任何人理解！"是理所当然的想法。

因为所有人类都是以自我为中心。

一个人，如果事情发展顺利，会认为是自己的功劳。

然而，失败的时候，往往归咎于他人。

第 2 章
这个问题，其实源于"别人的孤独"

如果有什么事情成功的时候，虽然嘴上说着"是由于大家的帮助"，但是心中还是会认为是"自己的功劳"。

所以，反省并改正了言行后感觉没有被任何人认可是很理所当然的。

反省后，如果有一点点行动上的变化就能够明确地被注意到并且受到表扬，我们就不会感受到"孤独"，然而能够注意到我们的变化的人并不是普遍存在的。

因此，我们常常委屈地觉得"我已经反省了而且也努力了，为什么没有得到回报？"愤怒油然而生。

无论如何反省，也无法得到他人的温柔对待，所以会感受到"孤独"。因此人越反省，越容易被愤怒附身。

"反省"会转变为愤怒的另一个理由是"**反省得越多，压力积累得就越多**"。

原本，眼前出现"惹人讨厌的人"，作为动物就会采取像上述那样的"战斗或者逃跑"中的一个反应。

之所以如此是因为当人感受到压力时，如果选择"战斗"就可以让压力得到释放，如果选择"逃跑"，就可以逃避这个压力，能够使大脑中不因为压力产生感应。

而如果直面"令人讨厌的那个人"的时候，采取人类独有的"反省"的方式来应对的话，会不断地受到来自那个讨厌的人的压力。

然后，我们越反省，惹人讨厌的人的孤独情绪就变得越严重，变得更加惹人讨厌，大脑中的压力就不断地受到感应。感应后的压力就变成了"愤怒"。

由于大脑中的压力处于感应状态，因此稍微有一点事情发生也会觉得烦躁，"为什么只有我遭遇这样的事呢？"愤怒从内心涌起，最后爆发出来。

压力处于感应状态下，就会陷入"为什么只有我需要忍受这些呢？"的心理状态。

名为"只有自己"的"孤独"使大脑的电流发生激烈的碰撞，使我们变成具有破坏性的人，导致"愤怒无法控制"的状态。

人类往往在进行自我反省的时候，会感觉"没有任何人理解自己，也没有任何人认可自己"，但同时，我

第 2 章
这个问题，其实源于"别人的孤独"

们自身也没有感觉到他人也正在进行反省。

所以越是反省，就越陷入名为"只有自己在反省并且感到痛苦"的"孤独"中，最终变为具有破坏性的人。

有一位男性，在职场上因失误而被上司提醒后回答："是的，了解了。"并深刻地反省，下决心要更认真地工作且付出努力。

但是回到家后，却想着"为什么其他人做了同样的事情不被指责，只有我被那么说呢？"愤怒不禁油然而生，然后不甘心得无法入眠。

以这件事为契机，内心会涌起"其他的人在工作上都得到了认可，只有我一个人没有被认可"的想法。

虽然会想到"这样的公司，还是辞职吧"，但是又想到"如果真的辞职了的话，经济上会有难处"，感到非常痛苦，更加彻夜难眠。

然后，因为一秒都不愿多待在公司，每天卡点上班，总被上司提醒，觉得"为什么只有我一直被这样提醒呢"，因此对上司感到愤怒。

"啊！刚才被上司注意的时候，采取的态度是不是过于失礼了？"虽然之后会反省，但是上司变得更加视这位男性为眼中钉。

然而，如果不再反省了就会发现"咦？上司都不怎么提醒我了！"上司的矛头对准了他人。明明之前总是被上司注意，现在却意外地觉得很自由，也不会在公司内总觉得心烦了。

"啊！糟了！"即使发生失误，这位男性也抱着"不反省"的态度，就会发现由于思维从愤怒中解放，集中力提高了，工作上的失误也减少了，而且也没有了大脑中思考太多的事情导致彻夜难眠的情况。

这位男性逐渐地在公司中被大家所认可，"啊！现在的情况一定可以换更好的工作！"并且对未来也充满希望。

第 3 章

一瞬间就能击败孤独的"暗示"

如果能摒弃"只有我"的想法,内心就会变得风平浪静

第 3 章
一瞬间就能击败孤独的"暗示"

"识别孤独的颜色"
能让内心变得越来越平静

有一位女士陷入这样一种状况：一外出就感到痛苦。

之所以如此，是因为外出后发现大家都看起来很幸福。因此感觉"只有我是孤独的"，并陷入悲惨的感情中，难以呼吸，仿佛一直躲在石头的阴影里的虫子不小心闯入了阳光下，不想被任何人看见，躲避着，想要逃跑。

在公交车中看到别人正在愉快地交谈，心脏也会猛烈地跳动，感到痛苦。医生的判断是"由于身处狭小的地方而陷入混乱"，但是即使反驳："不是这样的，而是由于看到别人幸福的样子而感到痛苦"，也完全不被医生理解。

当我听到这位女士的遭遇的时候，不禁感叹："我也懂！我也懂这种感受！"

一直窝在家中的我有一天从乡下来到城市的时候，在电车中看到大家都好像在发光，令我感到头晕目眩，觉得"只有我是乡巴佬"，然后甚至无法呼吸，陷入混乱。

其他人都看起来如此闪耀、如此炫目，而"只有我是孤独的"，引起不良情绪发作也是在所难免的，并不是奇怪的事情。

最终，当我来到都市感到"只有我自己是乡巴佬"而痛苦的时候，我尝试了"将人划分类型"的方法。

观察在电车里的人的面部特征、服装，甚至静心倾听他们谈话时的口音，就会发现"啊！这个人是来自某某地区！"。了解后就会觉得"咦？好像不是只有我一个人来自乡下！"。接着越想越开心，甚至到了下电车

第3章 一瞬间就能击败孤独的"暗示"

的时候,还觉得"咦?已经到了吗?",感觉意犹未尽。

原本认为都市的人都很炫目,但戴上名为"哪个地区出身"的有色眼镜后再来观察其他人就会发现"啊!原来大家都是来自乡下!",不会再有"只有自己是来自乡下"的排外感。

想起这些后,我就告诉那位女士,如果觉得周围的人炫目的时候试着在内心念叨"识别孤独的颜色"。

当她外出时,看到一对情侣正在散步,因此而感觉到落寞,于是半信半疑地在心中试着念叨:"识别孤独的颜色"。

念叨后她意外地发现"咦?感觉风景变得有点深棕色了"。刚才还那么闪亮得让人无法注视、无法呼吸的风景,渐渐变得柔和了。

"这是怎么回事呢?"大吃一惊的女士,为了确定效果,再次将视线转向了那对看起来很幸福的情侣。然后突然意识到"咦?那个女孩的眼睛里完全没有笑意!",并接着想:"怎么回事?那对情侣真的交往顺利吗?"感觉就像在观看剧情夸张的电视剧。

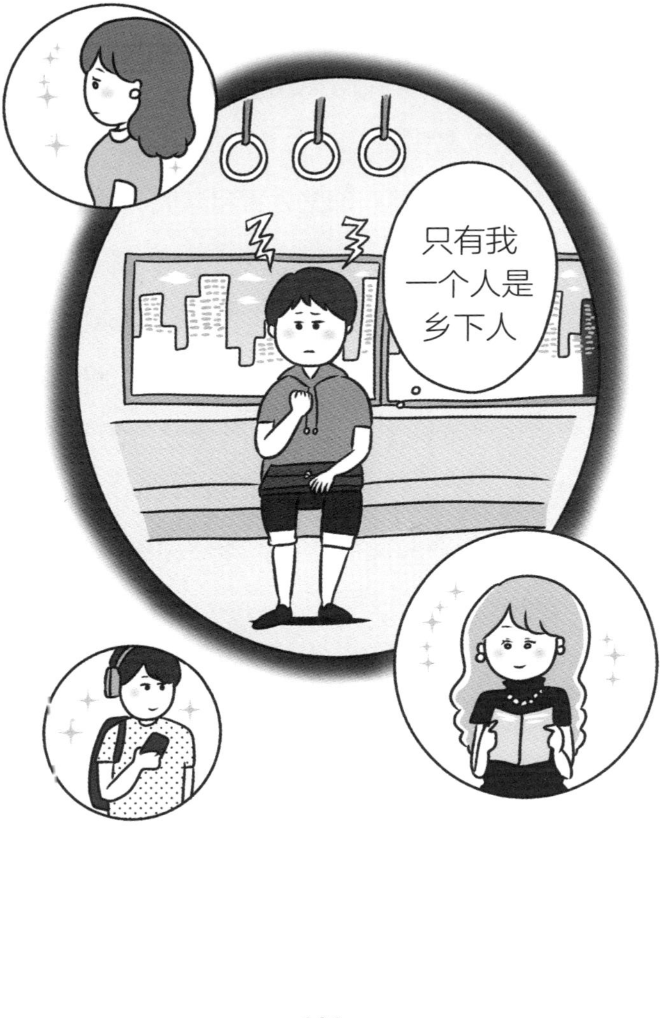
只有我
一个人是
乡下人

第 3 章
一瞬间就能击败孤独的"暗示"

她继续向前走,看起来愉快地行走着的女白领们映入眼帘。

如果换作平常,一定会感到非常自卑,心脏感到痛苦,甚至无法行走,感到有点儿难受,她试着在心中念叨"识别孤独的颜色"。

然后就会发现"咦?那些人看起来很花枝招展,不像是很会工作的人啊",观察着她们不符合职场要求的华丽的美甲和鞋子,就会很惊讶:"这些人怎么回事啊?"

以往,只要看到白领们的制服就觉得"她们是被公司所需要着的,而我不被任何人所需要,因此是孤独的",痛苦着,但再次看到眼前的女白领们,虽然失礼但不禁认为:"啊!或许,那个人在公司中也有可能被当作'包袱'!"

虽然之前没想过通过否定他人来使自己变得轻松,但意识到原来大家和自己一样后,这位女士的脚步就变得轻松了。

乘坐电车时,周围的人都看起来像是"工作顺利的人"或者"拥有幸福家庭的人",若自己因此感到痛苦的话，也试着在心中念叨"识别孤独的颜色"。

结果，看到方才还看起来很会工作，在公司中也被周围认可的西装革履的男士正在偷笑着玩着手机的样子，就觉得"咦？看起来也不是很认真地在工作啊"，然后刚才对他的羡慕之情就会瞬间消失。

对那位看起来"有着幸福的家庭"的女士也试着念叨"识别孤独的颜色"并观察，就会发现"咦？没有结婚戒指"，接着观察到手指上有戒指的压痕，就会意识到"啊！应该是最近摘了戒指吧！"

"哇！看起来很辛苦呢！"瞬间对那位女士充满了温柔的感情。

之后，她对观察乘坐电车或是上街外出的人们产生了很浓厚的兴趣。

明明之前还觉得"只有我是孤独的"并因此感到痛苦。

第 3 章
一瞬间就能击败孤独的"暗示"

透过"孤独的颜色的太阳镜"看世界，会看到不同的景色

当我们感觉到"孤独"，就会觉得"只有我"。

越与他人做比较，越觉得"为什么只有我?"，孤独感就会越强烈，导致凡事都无法顺利进行。

有一位男士，从孩子出生的那一刻感觉到了"孤独"。虽然可以理解妻子"孩子需要好好抚养教育"的想法，但工作回来后还要被妻子数落"为什么不能帮助我养育孩子呢?"，就觉得"为什么只有我的心情不能被理解呢?"，然后对妻子与孩子产生了怒气。

听到孩子哭泣的声音，也备感愤怒，"这样下去我一定会对孩子做出很严重的事情！"男士这么想。

抱着这份"孤独"的愤怒去工作，在职场感到"<u>只有我没能做好工作</u>"的不安。

和完全不理解自己的家人们在一起感到了"孤独"并且愤怒着，"现在在职场上自己不如别人会工作，今后有没有办法抚养家人们呢？"想到这里，这位男士感到了非常的不安。

比起他人，只有自己非常不擅长工作，而且也没能和周围的人进行充分的交流。由于"孤独"他感到了心情失落。

因此，他变得越来越无法集中精力，工作毫无进展，结果不得不加班，还可能被上司嫌弃。

回到家后，"家里有孩子需要带呢！以后早点回家啊！"孩子的哭声响彻整个房间，并传来妻子冷冷的声音，"为什么只有我被这样对待？"男士感到"孤独"，进退维谷。

这位男士来做心理咨询的时候，我给他讲述了"孤

第 3 章
一瞬间就能击败孤独的"暗示"

独的颜色的太阳镜"的故事。

我告诉他,透过这个太阳镜观察,世界会看起来和平时不同。他听后说道"啊!我平时就觉得光照过于强烈",然后就回去了。

然而当男士回到总是让他感到痛苦的家,看到不断哭泣的孩子和烦躁不安的妻子的模样,产生了"为什么只有我有这么痛苦的遭遇"的感受,好不容易通过心理咨询变得轻松的心情再次落入谷底。

这时候,他突然想起心理咨询师告诉他的"孤独的颜色的太阳镜",虽然对此半信半疑,但还是试着在心中念叨"识别孤独的颜色"。

然后,他意识到"咦?妻子也不太了解抚养孩子的方法,因此感到非常的孤独",妻子的"孤独"渐渐浮现。

并且,他对正在哭泣的孩子也意识到"啊!他也感到孤独",从孩子哭泣的样子中也确实感受到了"孤独"。"原来不是只有我!"不可思议地,这位男士变得想要拥抱"孤独"。

男士第一次试着走近正在试图以拥抱安抚婴儿,并且看起来非常不安的妻子,接过正在哭泣的孩子,温柔地摇晃着说道:"原来你也是孤独的啊。"原本大哭的婴儿停止了哭泣,伸出手试着去触碰爸爸的脸。

"连这么幼小的孩子也感受着孤独",这么想后,男士的内心涌起一股怜爱,忍不住更加温柔地拥抱着孩子。

看着这一切情景,妻子不知为何流下了眼泪。"原来妻子也是孤独的",想到这里,不知为何男士的泪水夺眶而出。

对于心理咨询师教给他的"孤独的颜色的太阳镜",男性感到非常满意。一陷入不愉快的情感,就念叨着"孤独的颜色的太阳镜",戴上"孤独的颜色的太阳镜"来观察世间,就会发现"咦?原来大家都是孤独的!"意识到这点后,不愉快的情绪就不可思议地消散了。

在公司也如此。当感觉"只有自己不会工作"的时候,戴上"孤独的颜色的太阳镜"去观察职场,就会发

第 3 章
一瞬间就能击败孤独的"暗示"

现"咦？大家也不是那么会工作的人啊！"，并且对眼前惊人的事实感到大吃一惊。

因为大家都是孤独的，所以拼命地使自己不落后于周围，不被公司和同事所抛弃而努力着。男士意识到自己一直将这样的努力误认为是"会工作"，然后发现**"咦？原来大家和我一样都是孤独的啊！"**

通过"孤独的颜色的太阳镜"看到原来大家都是孤独的之后，从前从来没感受过的"斗志"被点燃，"我要变得比他们更会工作！"此前还一直拖拖拉拉毫无上进心的男士开始麻利地完成工作。

此前一直听人说"有竞争对手更好"却并没能很好地理解这句话，但是自从戴着"孤独的颜色的太阳镜"来观察同事后，就会觉得"原来大家和自己相同"，不知不觉中将他们作为竞争对手。接二连三有效率地完成工作，男士惊讶地发现自己可以准时下班了。

一直以为自己没有集中力，没有正确处理工作的能力，但其实是由于"孤独"情绪的发作，而当这个谜底被揭开后，男士能够通过与以往不同的印象正视自己的

感到不愉快
就在心中
识别
孤独的
颜色
在心中
这样念
叨……
早点回
家啊！
哇～
哇～
妻子

▼

孤独的镜头
咦？原来妻子和孩子
也都感到孤独……
会看到对方的
孤独的颜色
哇～
怎么办
怎么办
哇～
哇～
只有我这
么辛苦！
你真轻松啊！

形象，了解到原来通过"孤独的颜色的太阳镜"来观察世界，以往的景色会看起来与众不同，并且内心也充满快乐。

的确，由于妻子和孩子都看起来如此耀眼，因此一直感觉自己不应该进入那样的光芒中，回想过去发现自己曾经抱有这样的想法。

男性也意识到过去的自己看到充满活力、神采奕奕地工作的同事时，因为同事们所散发的光芒而失去了"斗志"。

曾经由于这份闪耀变得进退维谷，但如今戴上"孤独的颜色的太阳镜"后，这份闪耀被阻隔，任何事都能抱着平静的心态去面对了。

这时候会再次意识到当时告诉心理咨询师"平时就觉得光照过于强烈"是完全没有错的。

让你烦恼的那个人其实也包含"孤独的颜色"

有一位女士和其他的妈妈们成了朋友。其中的一个人总是询问"你老公是做什么工作的呢?"或是"年收入大概是多少呢?"诸如此类的问题。

女士敷衍着回答后,其他的朋友告诉她"那个人之前说你家里有钱,悠然自在,所以肯定没有去工作呢"之类的话。对此女士感到气愤。

女士觉得再也不想和那个人有任何的关系,但是因为自己的孩子和那个人的孩子关系好,所以不禁苦恼:"嗯,感觉有'人质'在她手上,无法轻易断绝关系呢。"

第 3 章
一瞬间就能击败孤独的"暗示"

之后，对方仍不断地询问令人不愉快的问题，并且在她的周围传播各种谣言。当这些谣言传到自己耳朵里时又再次令自己生气，不断重复着这样一个过程后，她不禁开始思考："到底要如何处理和那个人的关系呢？"

在听到"孤独的颜色的太阳镜"的故事后，"咦？世界会看起来和从前不同？"这位女性不禁对此产生了兴趣。然后对那个人感到愤怒的时候就试着在心中念叨"**识别孤独的颜色**"。

接着，那个人虽然有看起来很华丽炫目的服装和浓艳的妆容却不知为何看起来非常寂寞，"啊！原来这个人也是孤独的啊！"女士感到大吃一惊。

孩子优秀，丈夫属于公司高层，还有可以聊"八卦"的朋友，原本认为"这个人一定不会感觉到孤独吧"，但透过"孤独的颜色的太阳镜"观察对方后会发现对方原来也是非常孤独的。

令人讨厌的那位妈妈是由于感到"孤独"，希望自己对她产生兴趣，才一直骚扰自己，知道这点后她大吃一惊。

如果想让关系变得更友好，可以通过夸奖或者温柔对待等等，应该有更多其他的方法。但在心中念叨着"识别孤独的颜色"来观察对方时，会了解到"**啊！原来是因为非常孤独，所以只能通过这样的方式吸引我的注意啊！**"

并且，戴上"孤独的颜色的太阳镜"来观察对方，还会意识到原来对方是希望自己能够了解她。

女人不喜欢被人询问与私人生活有关的问题，所以以为对方应该也是一样的。但其实这是错误的，比起自己更加"孤独"的对方，其实一直希望"自己的事能够更多地被他人了解"。因此，如果以感兴趣的姿态去倾听对方的话时，对方会表现出一脸高兴的样子。

在这之前，这位女士只是把对方当作只会传播谣言，让人陷入困境的人。

所以，无论是和她见面还是看到她的脸，只要是想到对方的事就感到不舒服，但是从对方身上看到"孤独的颜色"后，再也没有必要去思考对方的事情，也没有了此前见面时的不愉快的感觉。

第 3 章
一瞬间就能击败孤独的"暗示"

并不是因为对方孤独所以才想要与对方友好相处,而是因为<mark>那位母亲其实也和自己一样,所以就可以采取适当的距离,轻松地与她交往</mark>。

因为这个原因,这位女士感觉从某种束缚中解脱并享受到了"自由"的感觉。

将不愉快的事情当作是"只针对自己的",就会产生"别人没有被针对,只有我被针对"的想法,并且这个想法会成为感到孤独的契机,引起情绪发作。

然后名为"那个人是试图诬陷我的差劲的人"的黑暗世界就会在眼前展开。

并且,在那样"怪物"般的人存在的世界里,人会更加地感到"孤独"。如此反复,人会陷入一个恶性循环。

但是,当看到对方也含有"孤独的颜色"时,就会知道并不是只有自己是孤独的,情绪就会平息。然后可以看清现实世界,也没有必要继续因为对对方感到胆怯而逃避,作为同样感到"孤独"的人可以保持适当的距离而与其接触。

有一位男士,一直受职场的上司所困扰。虽然照着上司的指示工作,但是总在大家的面前被批评"文件的书写格式错了"或者"报告书的内容太单薄了,完全不成报告的样子"。

其他的人明明和自己做出同样的事却不被批评,感觉只有自己被上司当作了眼中钉,去公司也感到非常痛苦。

早晨从睡梦中醒来睁开眼睛,上司的脸就迅速浮现在脑海中,使他的情绪变得失落。去了公司遇见上司后,上司又以非常嫌弃的表情指责他:"为什么服装这么不整齐!"

自己虽然觉得比任何人都以高效率的方式工作,但是因为芝麻大的小事,上司就对他批评指责,导致他无法有效率地工作,充满压力,感到烦躁。

这时候,听说了"孤独的颜色的太阳镜"的故事的这位男士突然想到:"咦?那个上司竟然感到孤独,怎么可能?"

但是,在那位上司手下再也没法继续工作下去了。想到这里,他就试着在心中念叨"识别孤独的颜色"。

这样,他在那位总是迅速、麻利地完成多个工作,

第 3 章
一瞬间就能击败孤独的"暗示"

被部下尊敬的上司身上看到了"孤独的颜色"。

看到了上司因为"孤独",所以不被他人表扬认可就无法生存下去的状态。

那位男士一直认为"即使自己去赞扬,上司也不会感到高兴",所以只想着"将被嘱咐的工作完成"。

即使自己认可上司,也不会对上司有任何益处。由于一直这么想着,因此,被上司指导也抱有理所当然的态度,使得上司的"孤独的颜色"变得更加浓厚,结果导致了现在的情况。

了解这点后,与上司的交往也变得轻松了。

想到**上司和自己一样也是孤独的人**之后,就容易和上司搭话了。

在工作上,和上司商量、报告结果,让上司感到高兴后关系就变得越来越好,工作的效率也提高了。

不知不觉就在职场中成为业绩第一而被同事羡慕的存在。

这也是因为了解到上司并不是讨厌自己,并不是想要将自己陷入窘境,而只是感到"孤独"而已。

其实大家都一样

感觉到"只有我"的"孤独"的人,每天都像走在阴影下,看到大方行走的人们就会觉得是和自己完全不同类型的人。

例如,通过传播他人谣言使人陷入窘境的人,或是没有常识毫无顾忌地闯入他人内心并糟蹋得一塌糊涂的人,或是看起来像是绝对不允许他人比自己优秀的嫉妒准成的怪人。

但是戴上"孤独的颜色的太阳镜"来观察对方后,会发现"原来大家都一样"。

自己其实也是如此,如果自己的"孤独"不能被对

第 3 章
一瞬间就能击败孤独的"暗示"

方理解，孤独感也会继续增长直到引发负面情绪发作，产生具有破坏性的言论与行动。

因此如果只沉浸于"只有自己孤独"的想法，就无法注意到"对方的孤独"，最终刺激对方的"孤独"，使对方的孤独感越发严重最后做出糟糕的行为。

因为深信"只有自己孤独"的想法，所以认为"这个人怎么可能会感到孤独呢！"也是无可厚非，但是这样会导致对方越来越接近"怪兽"，最后会导致自己成为被那个"怪兽"所困扰的"孤独"的人。

戴上"孤独的颜色的太阳镜"观察对方时，如果能够意识到"啊！原来并不存在内心的'怪兽'，而是孤独在作祟！"，就会认为大家都是一样的。

这样，对方和自己的孤独情绪都会平息，也不会受对方所困扰。

简单地说，就是孤独的怪兽消失了，存在的只是与自己相同的"孤独"的人。

令人意外地，这个道理可以应用于许多场合。

我一直不擅长应对拥有头衔的人。例如，医生、令人尊敬的老师、董事长或者有名的演员之类。

这类人在身边时，之所以会感到紧张是因为被对方的头衔和"自己一无所有"的"孤独"所刺激。由于"孤独"，导致腋下被汗水浸湿，过于紧张而导致语无伦次。

不仅如此，因为对方也采取蛮横的态度，所以会认为自己是不是对他做了什么不好的事，然后陷入烦恼。

思考着对方的态度变差的原因，想着"我是不是不应该那么说？"或者"为什么说话那么唯唯诺诺，不能更大方一点呢？"并且感到非常地自卑，"孤独"只会继续增加。

但是戴着"孤独的颜色的太阳镜"观察有头衔的人后会发现这个人原来也是孤独的。了解到对方和自己一样后，就觉得没有必要特意照顾对方的感受，也没有必要对他感到胆怯，也不会讲多余的话，能够以普通的姿态接触对方。

结果，对方也会像普通人一样和我们接触。之所以我们不再紧张得腋下流汗，也是由于对方和我们一样是"孤独"的人，因此也没有必要引起情绪发作。

第3章 一瞬间就能击败孤独的"暗示"

将这件事告诉某位女士后,女士说自己面对很帅气的异性时会紧张得讲不出话。

所以,即使参加婚恋聚会,如果对方是帅气的异性,就紧张得讲不出话。因此无法和理想的异性交往。

因此,这位女士在婚恋聚会上看到帅气的异性时,就尝试着在心中念叨"识别孤独的颜色"。结果,当看到男士的双眼时就会发现:"啊!这个人也是孤独的啊!"然后变得完全不紧张,也能与对方自如对话。

并且,原本感觉故作强势的男士也敞开了心怀,对女士讲出了心里话,使得女士觉得"对方对我敞开了心扉",然后感受到了此前从未有过的亲密感,变得非常快乐。

但是,聪明的女士觉得"咦?稍等下",在面对原本不是自己喜欢的类型的男士时也试着在心中念叨道:"识别孤独的颜色。"

结果发现这个人也和她一样孤独,想到这里她也能够像方才和帅气的异性谈话时一样,愉快地与对方进行对话。

"啊！与这个人相处也能得到亲密感。"想到这里后女士突然感到疑惑。

通过"孤独的颜色的太阳镜"观察他人的话，<u>是否大家都看起来一样呢</u>？

"那么一直以来的相亲活动都有什么意义呢？"她内心不禁困惑。

的确如此，与外表、头衔无关，其实大家都是"孤独"的。

我们人类通过外表或者头衔擅自将他人与自己进行比较，认为"对方与自己是不同的"，然后擅自感到"孤独"，变为具有破坏性的人，破坏人际关系然后更加地感觉到"孤独"。我们不断重复着这样的过程。

通过"孤独的颜色的太阳镜"来观察后，因为大家都是一样的，所以就没有了与他人比较的想法，也就不会感到"孤独"，还能够感受到不可思议的亲密感。

可能会有人认为这样就变得很无聊，但是对于引起"孤独"情绪发作，导致人际关系糟糕的人来说，这样的"无聊"才更好。

第3章
一瞬间就能击败孤独的"暗示"

在心中念叨"识别孤独的颜色"

唉……

在帅哥面前感到紧张的女士也……

▼

不感到紧张，可以轻松地对话交谈

啊！原来这个人也是孤独的……

当看到男士的双眼时意识到对方的"孤独"

被对方讨厌了，被对方认可了，已经受够了每天这样一喜一忧仿佛过山车般的痛苦。大家都是相同的，没有令人不愉快的紧张，无论与谁都能轻松地对话，生活会变得非常轻松。

名为"孤独"的光被"孤独"的光波打消,内心变得风平浪静

原本以为"只有自己是孤独的",但是戴上"孤独的颜色的太阳镜"看到对方也孤独后,"孤独"就会被打消,然后从紧张等不愉快的感觉中解放。

这份"孤独"被打消是由于想到"原来那个人也是孤独的,不只有自己"这样简单的道理。

但是令人不可思议的是,当我们看到对方的"孤独的颜色"时,对方的态度也会发生改变。

我们也并没有告诉对方"原来你和我一样是孤独

的"，只是看着对方在心中念叨"识别孤独的颜色"而已。

意识到原来对方和自己一样也是孤独的，我们感觉对方的态度也仿佛变得温柔了，内心也变得平静了许多。

这么想的话，并不单单只是因为认识到不只有自己是孤独的才使得内心变得平静，而是"孤独"本身具有能够使人的内心变得平静的效果。

这一章讲述的是关于"孤独的颜色"，但如果我们能够通过裸眼观察颜色的话，幸福的人看起来是闪闪发光的"黄色"，愤怒的人看起来像是浓厚的"黑红色"，由于感到劣势，陷入自卑的人在眼里看起来像是"蓝色"。

在我的印象中，大家似乎都有着不同的颜色并具有不同的特征，但在这些特征中必定包含着"孤独的颜色"——白色。当人与人的光重合时，这种"孤独的颜色"就会浮现出来。

将自己的颜色与他人的颜色进行比较，对自己的

第3章 一瞬间就能击败孤独的"暗示"

"自卑之蓝"哀叹时,对他人的光没能够给予任何的影响。但是,用自己的"孤独"之光照亮对方后,对方的"孤独"之色也会闪闪发亮。

通过自己的"孤独的颜色"照亮对方时,对方会以与往常不同的颜色闪耀。然后,他人的"孤独的颜色"与自己的光相交时,不同的颜色重合,相互打消,一起化作"孤独的颜色"并闪耀。

简而言之,在心中念叨"识别孤独的颜色","孤独"之光照亮对方时,"孤独"会化作白光闪耀,<u>被这道光照亮后我们将变得更加闪耀,内心的不愉快的颜色也会被打消,使心中变得风平浪静</u>,是这样的一个道理。

有一位女士一直感觉不论去哪里都会发生不愉快的事情。去百货商场购买食品,店员就会听错她所说的商品名称,指出错误后对方的态度就变得不耐烦使她感到不舒服。走在路上,就会有人故意撞过来。每次碰到有人向她推销,拒绝对方后,对方就会露出不满的表情,使她极度不愉快。

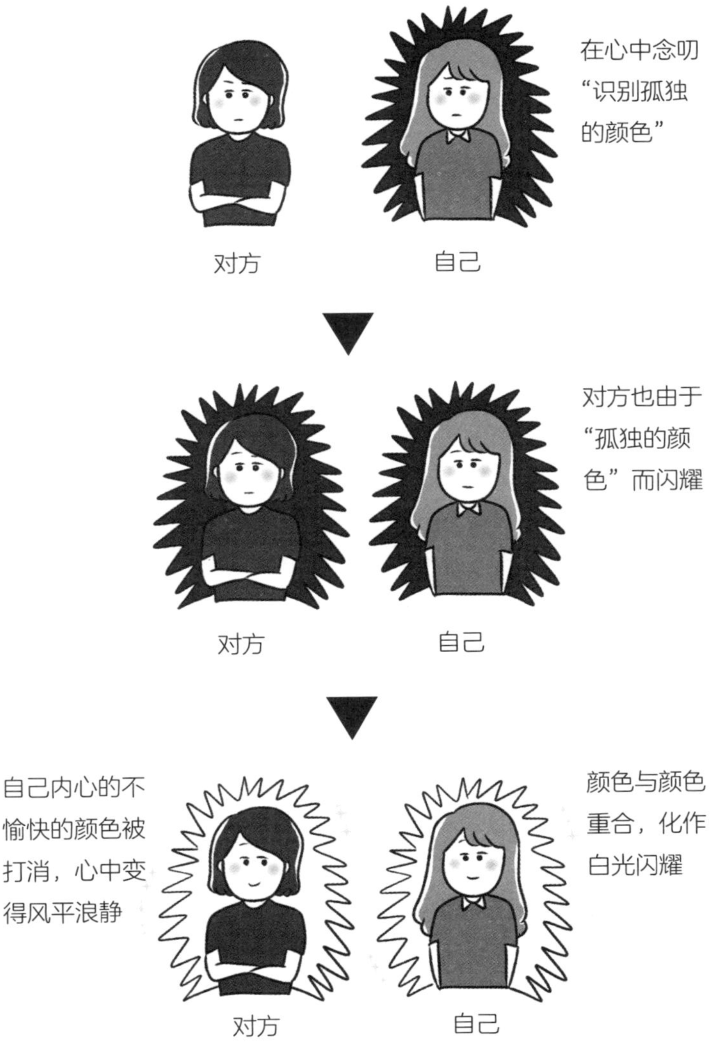

对方　　　自己	在心中念叨"识别孤独的颜色"
对方　　　自己	对方也由于"孤独的颜色"而闪耀
自己内心的不愉快的颜色被打消，心中变得风平浪静　　对方　　　自己	颜色与颜色重合，化作白光闪耀

第 3 章
一瞬间就能击败孤独的"暗示"

邻居好像是故意的,总在深夜里使用吸尘器,由于过于在意这个声音导致她有时彻夜难眠。

甚至在倒垃圾的时候,管理员特意等候着她然后说:"请你好好地分好垃圾再扔。"虽然自己一直都很认真地区分垃圾,但是被指出后她感到内心非常地不舒服。

"为什么总是只有我!"这是这位女士的口头禅。因为总是有令她不愉快的事情接二连三地发生在她的身上。

因此这位女士开始频繁地在心中念叨"<u>识别孤独的颜色</u>"。之所以如此,是因为有人告诉她这样做"世界会发生改变"。

当她再次去了那家总是频繁地出错的百货店时,她看着店员试着在心中念叨"识别孤独的颜色"。

然后她就意识到:"啊!原来这个人也是孤独的!"接着,这个店员突然说:"之前真的很抱歉!今天会稍微给您点儿优惠的!"说着给她多优惠了一些肉。"咦!之前都没有这样的事情!"那位女士大吃一惊。

因为总是想着"只有自己遭遇不公对待",所以怀疑对方会不会故意弄错,总是抱着非常怀疑的态度检查肉的重量,但是一次都没有被这样优惠过。这样的体验对她来说完全是第一次。

当看到走在街上看似幸福的漂亮的人时,也试着在心中念叨"识别孤独的颜色"。然后就会发现原来这个人也是孤独的,并且感到大吃一惊。

如果换作过去的自己一定会羡慕地认为:"真好啊!那么漂亮,然而自己却……"但能够以温柔的视线注视对方后,逛街就变得快乐多了。

当看到带着孩子的父母时也尝试着在心中念叨"识别孤独的颜色"。这么做后不知为何,小孩子一直朝自己的方向注视着。然后听到妈妈对孩子说:"是想一直看着漂亮姐姐对吧!"她大吃一惊。因为从来没有人说过她漂亮。

确实,在不知不觉中有男士会回头看向自己,"咦?我难道真的长得很漂亮吗?"她不禁感到疑惑。

一直对自己的外貌仪态感到不自信,也觉得没有人

第 3 章
一瞬间就能击败孤独的"暗示"

会在意自己,所以仿佛看到了不同的世界。

当走在街上,被大家的"孤独"照耀时,自身的仪态也会变得不同。一直以来没有在意服装和妆容的她,通过镜子意识到了自己的美丽,内心也变得逐渐平静了。

通过"孤独"照耀对方,对方的"孤独"也会浮现出来,也会以"孤独的颜色"闪耀。被这道带着"孤独的颜色"的光所照耀,女士的内心也变得风平浪静,变得温和,能够美丽地释放出光芒。

能够注意到小时候的"孤独"，过去的经历也会发生变化

当只有自己一个人拥抱着"孤独"的时候，内心会变得越来越荒芜，破坏与周围人之间的关系。

但是，当看到对方时意识到对方也同样感到孤独，并且通过我们的"孤独"照亮对方的"孤独"后，对方的内心会变得风平浪静，美丽的"孤独的颜色"也会照亮我们。

当被"孤独之光"照亮时，自己的内心中此前暴躁的感觉也自然地被打消，变得风平浪静。一个人拥抱着

第 3 章
一瞬间就能击败孤独的"暗示"

"孤独"时,对自己的容貌与仪态总是无法满意,连镜子都不愿意看,但是当被对方的"孤独之光"所照亮时自己的仪态看起来与此前不同,感觉似乎有自信了,会不禁思考,对自己无法抱有自信,完全没能交上朋友的小时候的自己,如果当时能够懂得这个道理,现在的自己将会多么的不同。

想到这里,脑海中浮现出有趣的想法:"咦?是否能对过去的自己采用这个方法呢?"

我一直以为,人类的大脑就像无线局域网一样通过互联网连接着。例如,不好的预感,或是心有灵犀,其实不是单纯的偶然,而是因为自己的大脑与他人的大脑像无线局域网一样互相交换着情报。

可能会有人认为不可能存在这样的事,因为当今的科学技术还不存在能够测量大脑网络的周波数的仪器。

但是,如果是以现在的技术都无法测量的周波数的话,意味着周波数有可能比光速还要快,甚至超越时空。

如果大脑网络速度能够超越时空的话,就有可能连接到过去的自己的大脑,并且用"孤独的颜色"照亮过去的自己。

超越时光轴,回溯到过去,被"孤独的颜色"照亮的幼时的我一定能够释放出光芒。

这样,或许自卑的童年时代就有可能发生变化。幼时自卑的我变化得越多,过去就会发生越大的变化,现今的自己也会发生越大的改变。

我时常会想起大约两岁时"孤独"的自己。

在厨房,我被母亲打后哭泣着,想着"如果自己不存在就好了"或者"自己没有被任何人所需要",陷入"孤独",感觉非常凄惨。

这种感觉时常产生,使我被"自己不被任何人所需要"的巨大的"孤独"感所蹂躏,破坏着各种各样的可能性。

试着想象两岁时这样的自己,就会回忆起在厨房角落哭泣时的感受。内心只有"孤独",然后又为了这份孤独能够被理解而不断地哭泣,但母亲完全不能理解这份"孤独"。

第 3 章
一瞬间就能击败孤独的"暗示"

于是,体会着当时的感受,我试着在心中念叨"识别孤独的颜色",并将注意力转向两岁的自己。

虽然明知当时的自己是"孤独"的,但是试着"识别孤独的颜色"后,回忆里直到刚才为止还哭泣的自己竟然摆出了胜利的"V"手势,朝我露出了笑脸。

在这个瞬间,我感觉内心中突然变得轻松了,小时候的我在心中对我温柔地轻声说道:"谢谢你,能够理解我。"接着我的眼泪夺眶而出。

自从尝试着这么做后,不可思议地,我不再认为"自己是无所谓的存在"。

因为"孤独"不被理解而引起情绪发作变得具有破坏性,才因此感觉"自己怎样都无所谓"。

注视过去的自己,在心中念叨"识别孤独的颜色",这份不愉快的感觉就会消散。

又有一位女士,由于在人群中感到紧张无法讲出自己想要讲出的内容而变得"孤独"。

明明其他人都很愉快地在交谈,但这位女士却觉得完全不能愉快地交谈,然后总是觉得这样的自己和大家在一起非常地抱歉，对周围异常地小心翼翼，然后对与人相处感到非常疲惫，闷闷不乐。

对于这样的女士，我试着询问：在人群中感到紧张时，几岁时的自己会浮现在脑海中？然后得到了这样的回答："上幼儿园时五岁的自己。"

那时刚好弟弟出生，正在上幼儿园的她，当时被名为"大家都只注意弟弟，没有人注意她"的"孤独"所袭击。

在幼儿园，每当有老师或者其他的小朋友对她说'你的弟弟出生了吧！真是太好了呢！"，脑海中就浮现出"没有人懂得自己的孤独"的想法，这位女士如是说。

然后，她试着将注意力转向五岁的正在上幼儿园时的自己，念叨着"识别孤独的颜色"并且用"孤独之色"照亮了自己。接着，幼儿园时的自己竟然对现在的自己露出了明亮的微笑，"这是怎么回事？"女士大吃一惊。

虽然觉得疑惑，"这么做真的会有什么意义吗？"但是回到家后女士不禁感到惊讶。

她竟然对自己的孩子们讲述了自己所体验的经历。

平常，这位女士一直认为要倾听孩子们的话，拼命地询问孩子们学校或者朋友的事情，但是这是她第一次开心地讲述"自己的故事"。

并且，平时总是只看着电视，对自己的话一点儿都不感兴趣的丈夫也愉快地听着女士的故事，令她不禁惊讶："咦？到底正在发生什么事？"

那个五岁的幼儿园小孩的笑容不仅改变了过去，也改变了如今这位女士所处的环境。

如果脑海中浮现出了过去不愉快的经历，就请将注意力转向过去的自己，并在大脑中念叨"识别孤独的颜色"，然后试着用"孤独"之光照亮过去的自己。

这样，大脑的网络会超越时空改变过去，在不知不觉中，受此影响，现在的自己所处的环境也会发生改变。

名为"只有自己"的"孤独"是能够被打消的

名为"只有自己"的"孤独",可以通过识别周围人的孤独的颜色,来使对方的"孤独"之光照亮自己,从而消除。

并且,识别过去的自己的"孤独的颜色",以过去的自己的"孤独"之光照亮自己,可以消除名为"只有自己"的"孤独"。

感到"只有自己"的"孤独"时,人们总是会想方设法通过自己一个人的努力去解决,但是这样的做法反而会增加"只有自己"的"孤独"。

第 3 章
一瞬间就能击败孤独的"暗示"

例如,当感到"只有自己"而变得卑微时,为了避免变得更加"孤独",认为与大家积极地接触,亲切友好地对待对方就可以了,然后也付出了行动。

但是,无论自己多么积极地去接触,无论变得多么亲切,也没有任何人注意到自己内心的"孤独"。

因此,越发出行动,越感到"只有自己",自卑的"孤独"也越发强烈。

既然认为"只有自己"就会感到"孤独",我就尝试着努力让自己思考大家也都有过很辛苦的回忆。

想到大家也都有过辛苦的回忆,越能理解他人的辛苦,就越认为谁都不能理解自己的辛苦。

即便周围的人夸奖"你真的很努力",还是感觉自己的努力依然没能真正地被理解,"只有自己"的"孤独"会不断增加。

一直觉得,如果和某个人建立亲密的关系,就可以将名为"只有自己"的"孤独"消除,因此一直尝试着与人变得更加亲密,但越想变得亲密,对方没有做出任何努力、没有任何想变得亲密的念头就越发传来,"只有自己"的"孤独"会更强烈地袭来。

打消名为"只有自己"的"孤独",不能只凭自己一个人的努力,需要周围人的"孤独"。

用自己的"孤独"之光照亮周围人时,会使周围人的"孤独"之光也增加,同样也使自己被照耀,使得自己的"孤独"被打消,让内心变得风平浪静。

"打消"并不只是一个人的工作,而是需要多个人的"孤独"来解决。当照耀到许多人的"孤独"之光时,自己内心中的"孤独"之光也会增加光芒。

一个人怀抱着孤独时总觉得"只有自己",难以忍受。当被别人的"孤独"之光照耀,使得自己内心的"孤独"之光增加时,会得到与以往截然不同的"孤独"的感觉,明白孤独其实是一种宁静。

当"孤独"之光增加光芒时,不愉快的内心波浪就会平静,感受到孤独中的宁静,"孤独"不再是令人不愉快的存在。

不如说,不愉快的波浪被打消后,孤独就化作了能让自己坦然生存下去的温柔的光。

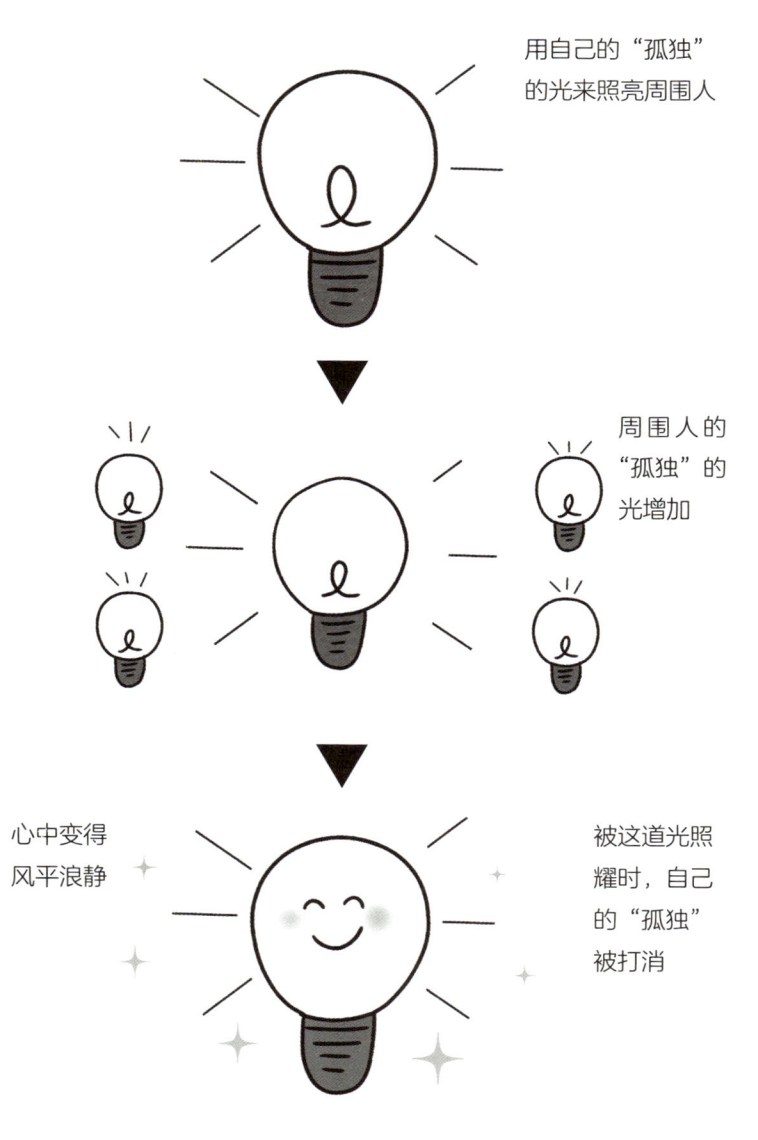

第 3 章
一瞬间就能击败孤独的"暗示"

用自己的"孤独"的光来照亮周围人

周围人的"孤独"的光增加

心中变得风平浪静

被这道光照耀时,自己的"孤独"被打消

在职场中，感到"只有自己"不被任何人理解，被"孤独"蹂躏时，试着将视线转向令你不愉快的人，在心中念叨"识别孤独的颜色"。

这样，会看到令你不愉快的对象其实也是"孤独"的，被这道"孤独"的光照亮后，自己内心的不愉快的感觉也会被打消。

"只有我不被认可"或者"只有我的内心没有人理解"，充满这样的想法而变得暴躁的内心，由于被对方的"孤独"之光所照耀，不愉快的内心的波浪将会平静下来。由于内心变得风平浪静，"孤独"化作了"安宁"。

对于打消"只有自己"的孤独，不想利用他人的"孤独"之光时，也可以通过过去的自己的"孤独"之光来打消。

脑海中浮现着过去孤独的自己，念叨着"识别孤独的颜色"，照亮过去的自己的"孤独"时，过去的自己的"孤独"之光将增强，反而照亮如今的自己的"孤独"，除去"只有自己"的不愉快感，引导我们走向平静的世界。

第 3 章
一瞬间就能击败孤独的"暗示"

感觉只有自己不被人爱，陷入非常自卑的感情时，回想过去的自己，在心中试着念叨"**识别孤独的颜色**"，现在的自己的"孤独"会被过去的自己的"孤独"之光所照亮，消除不愉快的情绪，使内心变得风平浪静。

这时候，不仅与过去的自己维系着，还和周围许多的人也联系着，但是会感觉到只有一个人的当下的安宁。

是的，名为"只有自己"的"孤独"，不仅可以通过现在的自己，还可以通过其他的人或者过去的自己来打消。

第 4 章

应对别人的孤独的方法

不知为何总是对我使用刻薄言语的母亲的孤独

这是某位女士的故事。

这位女士希望能够被母亲认可,于是告诉母亲自己在公司里的工作被认可,还得到了来自客户的感谢信。

然而,母亲却说:"某某邻居家的女儿,经常去国外出差呢!"仿佛要将她拼命努力得来的结果抹去一般回复道。

并继续说道:"那家的孩子从小就很优秀。"仿佛一点儿都不愿意认可自己的女儿。

想着如果告诉母亲,母亲或许会感到高兴,去和母亲讲话,但是母亲必定会说些仿佛轻视她的话,糟蹋她

"希望母亲一起感到高兴"的心意。感到不愉快的她就这样陷入了"孤独"。

一直认为"毕竟是母女，所以一定能够理解女儿的心情"，但是由于<u>一点儿都不被理解</u>，每次都变得非常痛苦。

又有一天，母亲突然问道："你给那个人好好地写感谢信了吗？"向她确认是否给每年送来苹果的亲戚大叔写了感谢信。

当她回答："咦？一定要写的吗？"母亲变得面目狰狞，发怒道："你真的一点儿礼仪都没有！"

做着比别人优秀的工作，以为自己早就成为令母亲骄傲的女儿，但是被这样刻薄的言语对待，她的自我肯定感陷入了冰点之下。

并且母亲还追加了一句："以你那难看的字迹写了感谢信，对方也只会感到迷惑。"

"没有必要说得那么过分吧！"这么想着，她的内心受到了深深的伤害。

于是，女士就觉得自己是不被任何人接受的废物般的人，"孤独"不断增加着，最后陷入无法重新站立的

第 4 章
应对别人的孤独的方法

精神状态中。

这位女士,越和母亲对话就越感到孤独,不断重复着这样的经历感受着不愉快的心情,无法从这样的状况中逃出。

仿佛这位女士今后也无法从"孤独"中逃离一般。

这时候她意识到"这是否是由于母亲的孤独呢?"

然后,浮现出了这样的想法:是否是因为自己总是反省的习惯引起了母亲的"孤独"情绪发作,让她说出了过分的话呢?

虽然母亲似乎一直教导自己"不反省的话,大家会远离自己,最后会变得孤独",但是越反省,母亲的言论与行为就变得越奇怪。

因此女士想到,是否是因为自己的反省刺激了母亲的"孤独"情绪发作,使得母亲说出轻视自己或是伤害自己的话语呢?

于是她开始尝试不反省。

然而,虽然说不反省,但是女士也想到其实也不存在什么需要自己反省的事情。

但是由于突然想起"啊！之前因为工作取消了和母亲约好的事情，太抱歉了！"，于是女士决定给母亲打电话并准备约母亲吃饭。

但是正要打电话时，突然意识到"啊！我这不是正在反省吗！"，然后慌忙放下了电话。

之后，暂时将母亲的事搁在一边后，母亲却打来了电话，开始讲起无关痛痒的亲戚的话题。

这时候她注意到自己正在反省没有认真地听母亲的话。

确实每次挂断电话后，自己总是反省为什么不能更温柔地倾听妈妈的话，想到这里她在内心说道："绝对不反省！"

于是，她便说："妈妈，我现在还有事要做，先把电话挂断了！"并挂断了电话，但同时也注意到了自己并没有陷入不愉快的情绪。

想着无论如何都要解决自己内心的"孤独"时，她总是反省着并接近母亲，却被伤害导致"孤独"增加。但下定决心不再反省后，即使孤身一人她也不再感到

第4章
应对别人的孤独的方法

"孤独"。

并且,与母亲接触时即使想着希望被母亲认可,也不会讲多余的话了。

例如,当母亲问道"工作最近如何?"时也能够随意地应付了。

即使母亲说"你这个人总是喜欢小看别人",也会在心中念叨"**不反省**",然后觉得"**啊!和我完全没有关系!**"。这样就不会再使内心受到伤害。

如果是以前,反省并且被伤害后,母亲会继续说更加残酷的话语。但是现在对方已经不再说多余的话了,自己也能够和母亲聊一些无关痛痒的话题了。

一直认为母亲总是讲些多余的话伤害自己的内心,因此自己和母亲无法像其他的母女般享受聊天,但是现在可以像其他的母女般愉快地聊天。对于自己这样的心态,她感到吃惊。

并且,和母亲在一起,即使工作的事情没有被认可,也会感觉到安心。

不知不觉中,她与母亲一同从"孤独"中得到了解脱。

由此，这位女士终于意识到："是反省，令母亲与我的孤独增强。"

如果不特别注意，我们往往无法意识到自己正在"反省"。

但是，如果像这位女士一样，不断地重复着被伤害，往往其原因在于"反省"。

"不认可我的母亲不对！"像这样责备对方的心情出现后，由于人类内心中存在的恒常性，必定会涌出与之相反的感情，例如"自己必须要成为能够被认可的存在"，这就是反省。

正因为如此，越受到来自对方的伤害，越受到残酷的对待，反省就越来越多。可笑的是这样反而会刺激对方"孤独"情绪的发作，让对方说出更加残酷的话语。

或许有人认为"不反省"会更加刺激对方的"孤独"，但是这是错误的想法。"不反省"能够构筑与对方的平等的关系。

在这平等的关系中隐藏着"一体感"，因此不知不觉中会消除孤独。

第 4 章
应对别人的孤独的方法

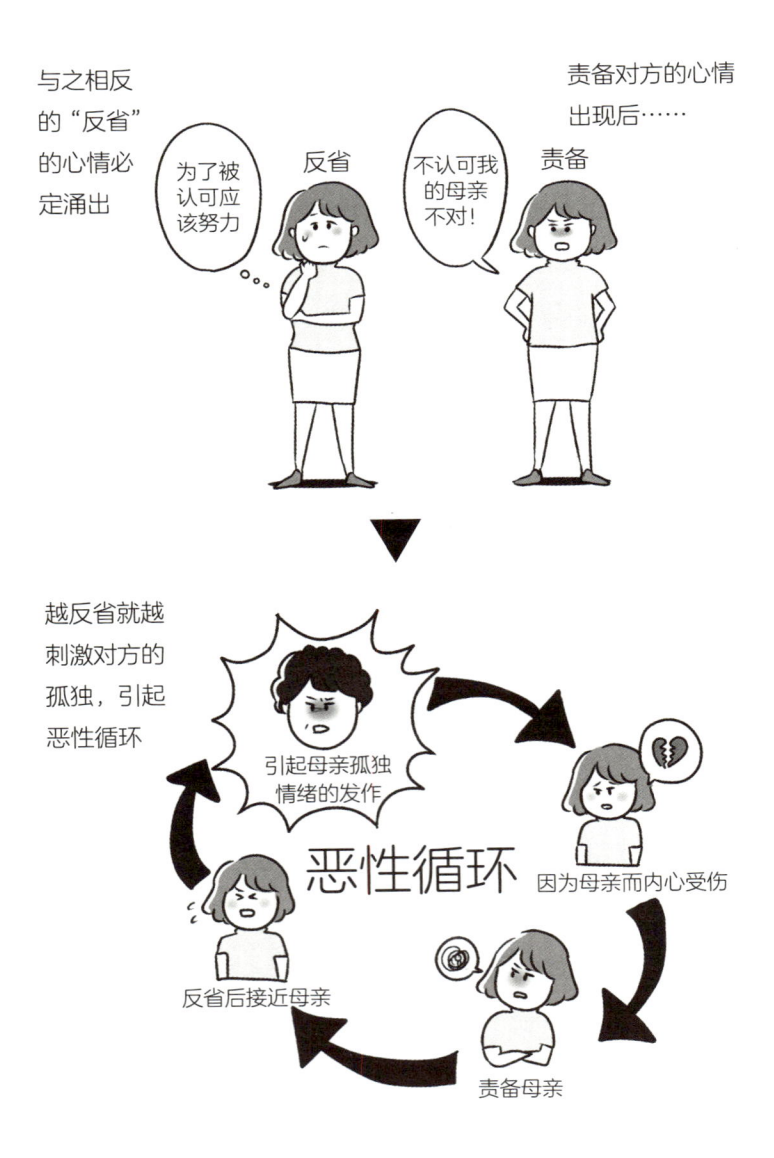

与之相反的"反省"的心情必定涌出

为了被认可应该努力 — 反省

不认可我的母亲不对！ — 责备

责备对方的心情出现后……

越反省就越刺激对方的孤独，引起恶性循环

恶性循环

引起母亲孤独情绪的发作 → 因为母亲而内心受伤 → 责备母亲 → 反省后接近母亲 →（循环）

154

总是对我进行强硬反驳的同事

有一位女士有着这样的烦恼:职场上有位同事总是把她当作眼中钉。

在会议上,同事A在倾听别人的平淡如水的提案时一言不发,只是单纯点头听着,但是听到她的提案,突然举起手强烈反驳道:"这个企划对公司只有负面影响!"

这位女士觉得"其他人的提案如果想要找出负面因素,应该也能找出很多吧?",但是A只对她的提案非常严格,彻底地批判,要摧毁这个提案。

同事A以"会给予公司负面印象"或者"顾客会因

第 4 章
应对别人的孤独的方法

为这个企划而离开我们"等,以事态重大的语气指出各种负面影响。如果她对这些质疑之处做出详细的解释,A反而以更强势的姿态对她进行反驳。

"为什么只对我这么强势地反驳呢?"想着想着,她感到非常地不甘心。

"是小瞧我吗?还是觉得看我不顺眼呢?"又或者"是为了证明比我聪明来把我比下去吗?"她越想越感到生气。

即使回到家,由于一想起这事就会睡不着,所以又额外地对同事A感到愤怒,"都怪那个人害我没法睡着!"

早晨醒来后,一想到A的事情她就不愿意去工作,甚至考虑换工作。

但是一想到"为什么为了那种人我要换工作呢?"就感到很懊恼,想对A狠狠地反驳。

即使这样,去了公司看到A的脸,就又觉得自己刚才的想法过于小孩子气了,想到自己已经是个大人了,还是决定冷静对付,无视对方。

但是,A又对她发了类似"某某,我还是觉得你的提案很奇怪啊！"为内容的邮件，并且把邮件抄送给了其他人。她气愤得怒火仿佛要暴发了。

如果是对她个人提出意见的话就算了，竟然用这样让所有人都能够看到的方式提意见，"这个人怎么回事？"她的怒气已经无法收敛了。

虽然这样，但她后来知道了同事A是因为"孤独"情绪的发作，变为具有破坏性人格的人，才会对自己进行强烈反驳。

在她看来，A虽然每天嬉皮笑脸，但是和周围人都有着不错的交往，也有人气，看起来完全不像是孤独的人。因此一开始她完全没有觉察出A感到"孤独"。

不如说，自己被A反驳，也没有人站在自己的一方，自己才是"孤独"的吧，她这么想。

但是，带着"A是孤独的"的看法去观察，她发现大家不对A进行任何批判或是反驳，是由于害怕她加倍奉还。

由于A对她进行了强烈反驳，A被周围人当作了可怕的存在。

第 4 章
应对别人的孤独的方法

并且，被A反驳的她，甚至被周围认为是一个"即使被反驳，也能微笑面对的稳重的人"，周围的人们也开始温柔地对待她。

A看着周围的人对这位女士的态度，困惑"为什么不对我也那样温柔呢？"，然后变得越来越"孤独"。

并且，A对她的态度变得更加恶劣，看到这个情景的周围的人又更加疏远A，由此形成了恶性循环。她看出了这样的情况。

当A再次对这位女士强势地反驳时，她并不立即反驳，而是选择饰演"好人"。并且，她越饰演"好人"，否定她的A就越来越像"坏人"，A不仅感到"孤独"，还要继续扮演对"好人"进行攻击的"坏人"。

女士认识到A的"孤独"时，不禁思考是否有必要帮助"孤独"的A，但这是因为对于扮演"坏人"的A来说自己自动地成了"好人"。

但是为了帮助感到"孤独"的A，想到是否要对A温柔点儿对待时，"温柔"就已经自动把这位女士归为"好人"，而A自动地就需要扮演"坏人"，因此这样的做法是没有意义的。

于是出现了这样一个方法：自己扮演"坏人"，对A进行彻底地批判，这次A就会成为"好人"，被大家温柔对待，然后消除"孤独"。

使用这个方法的话，A会成为"好人"，不会再对她进行各种反驳。感觉这是一个非常好的方法，但是"稍微等一下"！这位女士扼杀住自己的想法。

A既然扮演了坏人，使自己成了"好人"，是不是应该带着感恩之心接受这个设定呢？

A对女士进行激烈反驳，或许是A为了防止女士变得"孤独"而自己选择成为"坏人"，并且被大家疏远呢？这是非常难以做到的事情。

所以，其实A的"孤独"，是对这位女士非常好的存在。虽然看起来有点狡猾，但是为了在这个职场上保持这样有利的立场，A的"孤独"是有必要的。

女士想要解决A的"孤独"，这是难以置信的。

因此，即使A再次对她激烈反驳，<mark>女士也感谢A存在着的孤独</mark>，并且保持着"左耳进，右耳出"的状态。

第4章
应对别人的孤独的方法

这样，不知不觉中A就不再与她"唱反调"了。

"为什么呢?"她不禁思考，之后女士意识到是因为自己利用A的孤独，成了内心黑暗的"反派角色"，因此A就没有必要再扮演"恶人"了。

"人原来真的是自动保持相互间的平衡呢!"这位女士大吃一惊。

A对比自己更加内心黑暗的女士感到害怕，因此也不再对这位女士说什么，变得安静了很多。但是这次这位女士却反而感到缺了点什么，因为，比起之前被反驳时她更加容易感觉到"孤独"了。

但是，之所以当时的"孤独"令她感到安心，是由于想到正在和A感受着同样"孤独"的感觉。对于感受着同样的"孤独"的同事A，女士不知不觉中将她当成了伙伴。

丈夫将价值观强加给我

有一位女士,因为被朋友询问"您家先生的年收入大概是多少呢?"这样失礼的问题而感到恼怒。

对丈夫讲述了这件事后,却得到了"那是因为你看起来很容易对付吧!"这样的回答。女士不禁感到疑惑。

丈夫继续说道:"因为你总是在说他人的坏话,所以这次就变成被说的立场!所以理所当然地,也会被他人询问失礼的问题。"丈夫就连妻子的求助也否定。

与朋友们聊天时,并不是自己真心想和她们聊别人的流言蜚语,而是在聊天的过程中偶尔有这样的话题出现。因此她不禁对误会她的丈夫恼怒道:"凭什么我要

第 4 章
应对别人的孤独的方法

被你这么说!"

接着,丈夫继续说道:"如果你总是这样为自己找借口,孩子也会变得像你一样总是找借口,最后无法适应社会。"女士听了丈夫的话后感到怒火中烧。

完全没有理解自己维持人际关系的辛劳,只会说"不要说别人的坏话!"或是"不要附和别人说他人坏话!""不要找借口!",女士不禁怀疑丈夫到底有什么资格改变她。

"为什么我要和这么不理解我的人在一起呢?"女士感到非常懊恼,"为什么丈夫要将他的价值观强压给我呢?"因而愤怒得流下了眼泪。

如果丈夫站在自己的立场上,绝对不会说出这样的话。丈夫只从自身的角度来观察事物,只通过自身的价值观来判断妻子,因此会尝试着改变妻子。

这令她感到非常地不舒服,但即使告诉了丈夫,丈夫还是刻薄地说道:"如果你这样也能给孩子带来很好的影响,那就保持这样吧。"

丈夫自认为是正确的,并说出类似"不以我的价值观为根据，而是保持你目前的状态去抚养孩子一定会失败，导致惨痛的结果"这样威胁的话语。女士感到非常狼狈，并且陷入了"孤独"。

然而女士有一天突然想到："咦？我一直以为丈夫总是将他的价值观强加给我，但其实丈夫只是孤独的情绪在发作而已吧！"

丈夫总是非常地正确，被公司的人尊敬，对父母和孩子也都很珍惜，因此，她从来没有感觉丈夫是孤独的，但是她觉得自己的想法或许是错误的。

丈夫被父母爱着，珍惜着，从来没有感觉到"孤独"过吧？此前女士对此深信不疑。

但是，仔细考虑后，看着丈夫从来没有感觉对父母敞开过心扉，看起来也不是真正快乐的样子。

对于与父母的关系，或许丈夫也感觉到了"孤独"。

既然这样，为什么丈夫要将他的价值观强压在她的身上，仿佛要再现与父母之间的关系一样？女士对此感到了疑问。

但是，抱着"丈夫是孤独的"的角度回想，很容易

第 4 章
应对别人的孤独的方法

就找到了这个问题的答案。

如果女士被灌输了丈夫父母的价值观,一定不能像现在一样与人相处和谐,朋友也一定会远离女士。

并且,与孩子的关系也是,如果像丈夫的父母一样顽固不化,一本正经地对孩子发怒:"不能做错误的事情!"或者"不能找借口!"那么孩子一定会认为自己的父母不像正常的人类,人与人之间珍贵的信赖关系就无法构建起来了。

会失败会犯错才是人类,如果没有了这些就只是机器了。沾染上丈夫的价值观后,在孩子们眼里她就只是个扫地、洗衣服、做饭的机器人,然后她就会变得"孤独"。

这样,就和丈夫一样了。

丈夫总是希望不只是自己一个人感到孤独,通过"丈夫是孤独的"这样的角度来看后,仿佛拼图一般所有的事情都可以理解了。

但是现在,被丈夫强加价值观,使得她的心越来越远离丈夫,使得丈夫变得更加"孤独"。

像这样,将自己的价值观强加于妻子,使她变成与自己有相同的言论与行动,妻子和孩子们也就会和自己一样变得"孤独"。这样,丈夫就感到不仅仅只有自己"孤独",变得更加无法从自身的孤独中逃离。

但是,继续通过"丈夫的孤独"来观察事物,女士也意识到了其实自己也在试着改变丈夫的"孤独"的价值观。

对于这位女士,通过说他人的坏话、给自己找借口或是为琐事烦恼,像这样通过互相表现出弱点,来获得"我们都是同类"这样的共鸣,从而打消"孤独"的价值观。女士正是在这样的价值观中长大。

所以,女士不知不觉中觉得丈夫的孤独是可怜的,为了使丈夫能够表现出自己的弱点,她主动将自己的弱点展现在丈夫面前,来改变丈夫的价值观。

但是,这是否就像我的价值观被丈夫试图改变而感到不愉快一样,丈夫也感到不愉快呢?女士意识到。

于是,女士开始觉得没有必要改变丈夫的孤独,女士不再抛出"为什么?""为什么要说这样的话?"等疑

第 4 章
应对别人的孤独的方法

问来伤害自己。

被对方的言语伤害后，通过展现自己的弱点来打消"孤独"，这对依靠着"孤独"生存的丈夫来说是没有必要的，女士感悟到。

如果我过于强加这样的想法，对于丈夫来说就相当于否定他一直用于支撑自己的生存方式的"孤独"，也就是相当于否定丈夫自身，女士终于领悟到了这点。

这并不是对丈夫抛弃了或是放弃了，而是"对丈夫的孤独的尊重"的一种体现。

她意识到曾自认为丈夫的孤独是可怜的，并且试图改变丈夫，是一种错误的做法。

结果怎么样了呢？此前，从来没有展现出自己弱点的丈夫，会变得主动展现自己的弱点了。

想着要尊重丈夫的孤独，并且对丈夫的孤独抱着尊重的态度倾听丈夫的话，发现不知不觉中丈夫已经不再试图改变她，在家里也变得能够笑着与孩子们对话。

发现丈夫的"孤独"被打消，女士有一瞬间对于删除了丈夫珍贵的"孤独"而感到焦急。

但是，看着即使展现着自己的弱点，也能够和孩子们一起愉快地玩耍的丈夫的模样，不知不觉她在自己的内心中感到了"孤独"。

"啊！这就是丈夫的孤独啊！"与以往不同，女士开始认真正视孤独。

一旦情况不利就流眼泪的恋人

一位男士正使用自家的电脑制作工作的资料。当他稍微离开座位的间隙，他的恋人使用了电脑，并且不小心点击了资料的保存键，使得原来的数据被覆盖了。

"啊！重要的数据消失了！"焦急的他对恋人问道："为什么要点击保存键呢？"恋人说："因为，以为如果不点保存数据会消失……"然后开始流下眼泪。

男士想着"想哭的是我呢"，但由于对方开始哭泣，便只好向恋人道歉："啊！对不起！"

恋人只是一直说着自己不是故意的，然后继续哭泣。

因比，男士感觉自己做了一件很不好的事，并且由于数据消失而受到打击，内心变得非常沉重。

当女友做饭时，因为食物非常辣，男友就询问她："怎么了？这道料理？"，于是女友说道："放调味料时失败了，原本以为做的辣一点儿就吃不出来了。"然后又开始流下了眼泪。

接着说："但是，太辣了对身体也不好。""我做什么都做不好，"又继续流下眼泪。

结集，他又主动地说着"没关系"来安慰恋人，并且保持着笑脸继续吃下料理。

"非常抱歉！那样的料理不要继续吃了。"女友哭着这么说道，一瞬间使他感到不耐烦。

他原本想说，那这些食材不都浪费了？但是看着对方一直哭泣就忍住了，说着"没关系"然后强迫自己继续吃下去。对方虽然一直道歉，但并没有一起来解决料理，因此他感到只有自己如此狼狈。

那么，如果从"孤独"的视角来看这个女友，会看到有趣的内容。

第 4 章
应对别人的孤独的方法

我们会简单地想：女友的哭泣是否源于"害怕失败后被抛弃"的"孤独"？

通过哭泣展现出自己的弱点，对方就会原谅自己，并把"孤独"的感觉打消，女友哭泣的原因似乎是这样的。

但是，戴上"孤独的颜色的太阳镜"来观察哭泣的恋人时，会看到"另一个女友"以冷漠的眼神看着做出"哭泣"演技的她。

女友冷眼看着做出演技的她，抱着"这样冷漠的自己不会被任何人接受"的"孤独"。

另一个哭泣的自己会扮演与冷漠的自己相反的人格，因为哭泣也是演技，所以不论她怎样哭泣，"孤独"也永远不会被打消。

总是用冷漠的眼睛观察事物的恋人，其实也了解这份"孤独"绝对不会被消除。

所以，另一个扮演楚楚可怜的模样的她偶尔会暴走，无法控制住，而对于这样的自己她只能用更加冷漠的眼神来观察，导致"孤独"的增加，使事态陷入恶性循环。

确实回想过去，总是用眼泪来敷衍的恋人，虽然流着眼泪，但不知为何却使他感觉非常冷漠。

那个冷眼旁观的另一个女友正感受着"孤独"，由于这份孤独不被任何人接受，因此制造出了完全相反的人格，试图解决"孤独"。

但是，那个"冷眼旁观的女友"只是以更加冷漠的眼神冷静地看着那个不合乎情理的另一个自己，因此导致了"孤独"的增长。

带着"孤独的颜色的太阳镜"来观察流泪的恋人时，在其背后会看到感觉着"孤独"，用冰冷的眼神看着哭泣的自己的模样的另一个恋人。当看到那个冷漠的恋人时，他感觉到这个人的孤独必须由我来解决。

那是因为，自己也像恋人一样，存在另一个自己以冷漠的眼神看着因为女友哭泣而动摇的自己。

自己也同恋人一样拥抱着无法消除的"孤独"，无论做任何事都不禁冷眼旁观，害怕恋人注意到这点会讨厌他，因此才会施展看到恋人哭泣仿佛内心动摇般的演技。

即使这么做自己的孤独也不会消失，正因为知道这个道理，因此才会知道恋人和自己一样感觉到了同样的

第 4 章
应对别人的孤独的方法

会看到另一个女友，正以冷酷的眼神看着装作哭泣的自己

戴上"孤独的颜色的太阳镜"来观察哭泣着的自己

没有任何人可以接受冷漠的自己

孤独

完全相反

因为只是扮演与"冷漠的自己"完全相反的自己，因此无论怎样哭泣"孤独"也不会被消除

"孤独"。

所以，当确信恋人的"孤独"无法被消除时，不知不觉中自己也放弃了在恋人面前演戏。即使想到，恋人也与自己一样感觉着同样的"孤独"，也没有必要再去揣摩恋人的心情了。

因为了解到了对方也与自己一样拥抱着"孤独"冷眼旁观，认为自己也没有必要再演戏，可以在恋人面前保持最自然的状态。

在恋人面前保持真实的自己，以冷静的态度淡然面对生活。不可思议的是，对方也展现出最自然的自己，他们就能够淡然地继续相处了。

反正无论是自己的"孤独"还是对方的"孤独"都无法解决，那就选择继续淡然地相处，但是不可思议的是两人间萌生出了一种安心感。

即使抱着"孤独"也能够相依在一起的安心感。

并且，注视对方的"孤独"时，因为明白自己不需要做出任何改变，只需保持真实的自己，所以内心涌起喜悦。

> **第 4 章**
> 应对别人的孤独的方法

保持本来的自己就可以

即使打招呼也无视我的公司前辈

在公司里看到前辈,便打了声招呼:"您辛苦了!"

然而,"咦?前辈是不是没有注意到我?"不知为何被前辈无视了。

又一次明显靠近前辈,又打了声招呼:"您辛苦了!"但还是继续被无视,仿佛自己的存在完全没有映入他眼帘一般。

"咦~!我是不是做了什么不好的事?"我的内心备感动摇,仿佛被木棍重击了大脑一般受到了打击。

"或许是因为最近没有和前辈倾诉工作上的烦恼所

第 4 章
应对别人的孤独的方法

以感到生气吗？"又或者"最近没有向前辈报告近况所以被讨厌了吗？"忍不住思考各种各样的可能。

结果，"啊！那时候好好地向前辈倾诉工作上的烦恼就好了！"又或者"工作顺利时向前辈报告并道谢就好了吗？"等，涌出了许多后悔的念头。

并且，"是不是有人擅自告诉了前辈，我对前辈抱有不满？"甚至想到了这样的可能性，对公司的同事也不禁疑神疑鬼。

想着想着，"为什么我要对前辈这么小心翼翼！"越想越恼火，"话说，我都向他打了招呼还无视我，也太失礼了吧！"

但是生气过后，想到今后继续这样被前辈讨厌的话，或许没法继续在公司待下去而感到不安，开始烦恼要如何修复与前辈的关系。

愤怒涌起后，感到不安，然后是反省，复杂的情感在自己内心打转，无法自拔。

即使回到家中，也一直想着同样的事情，前辈的事无法从大脑中脱离，自己陷入了非常不愉快的情感中。

这时候戴上"孤独的颜色的太阳镜"来观察前辈，会看到有趣的东西。

前辈工作了这么多年，也习惯了工作，还有家人，所以一直认为这样的人怎么可能孤独。

但是在心中念叨着"识别孤独的颜色"后观察，浮现出了前辈的"只有自己被留下的孤独"。

我自己一心想着"希望被前辈认可""想向前辈那样工作"，并一直努力工作着。

但是戴上"孤独的颜色的太阳镜"来观察会发现，我越抱着想被前辈认可的心情努力工作，前辈就越感到"只有自己被留下的孤独"。

这在前辈的家庭中也一样，孩子们逐渐长大不再需要父母的帮助，一个个都自立了。

这时会感受到为了家庭如此努力，但是没有人感谢他，并且大家都自由地"飞翔"离开了，只有前辈一个人是被留下的"孤独"。

在公司中也一样，拼命地照顾后辈，但是大家都从自己身边一个个自立，只给他留下了"孤独"。

第 4 章
应对别人的孤独的方法

因为拒绝感受这样的"孤独",所以前辈通过"无视"来抢先感受我从前辈身边远离时会感受到的"孤独"。

自己虽然没有半点将前辈"抛弃"或者"蔑视"的感情,但是从刚才开始小心翼翼地思考"对前辈是不是做了什么不好的事?"的时候,不知不觉中就已经把自己安排在了比前辈更高的立场上,让前辈感受到了"只有自己被留下的孤独"。

为了让前辈恢复好心情再次和自己打招呼,应该做出什么样的行动呢?他突然意识到:想着对策这件事本身就是将前辈置于比自己低的立场。

前辈对于即将到来的"孤独"做出预备演习而无视自己的招呼,或许对前辈来说是必要的,因此没有必要去改变吧?他不禁这么想。

即使打了招呼也没有得到回应,我感受到的"孤独",其实就是前辈所感受到的"孤独"。

为了感受今后我超越前辈,从前辈身边离去时的场景,前辈预备演习了"孤独",并为下一个阶段做好了准备。

感到了“孤独”
照顾的后辈们一个个都从自己身边“飞走”
亏我还那样照顾……
一个人努力！
尝试着自己写提案

那个……
前辈预备演习了“孤独”
前辈通过“无视”来抢先感受后辈离开时会感觉到的“孤独”

第 4 章
应对别人的孤独的方法

确实，后辈离开自己被留下而感到"孤独"，不如通过多次的预备演习来让自己习惯，就能够与内心的"孤独"更好地相处。

从"孤独"的视角来观察前辈，会看出来前辈正在通过无视招呼来对"孤独"做着预备演习。

然后我意识到，这虽然是前辈为了面对"孤独"而做出的预备演习，但同时也是我在失去"前辈"的存在时为了面对"孤独"而做出的演习。

想到不知不觉中长大了的孩子们离开时的情景，不禁由于"孤独"而变得沉默。

如果离开了的孩子们或是后辈们能够"更高地飞翔"，这份"孤独"或许就能够化作一种成就感。

前辈其实是抢先从现在感受这份成就感。

并且，在未来的一天，我自身也站在与前辈同样的立场时，我是否也能将感受到的"孤独"同样作为成就感来感受呢？想着想着，就对无视招呼的前辈充满了尊敬。

抱着这样的心情，去公司与前辈照面时，对他说

"您辛苦了"的时候，感觉这短短的几个字里充满了对前辈的"孤独"产生尊敬的意思。接着，前辈悄声回了句"哦"。

虽然前辈似乎还需要进行"孤独"的预备演习，但是由于我即将"飞走"而使前辈产生的"孤独"，在我看来似乎变得些许美丽了。